ISBN 978-3-662-24522-4   ISBN 978-3-662-26667-0 (eBook)
DOI 10.1007/978-3-662-26667-0

Die in den Sitzungsberichten Abtlg. I und Abtlg. II a der math.-nat. Klasse der Österr. Ak. d. Wiss. erscheinenden Abhandlungen werden auch einzeln abgegeben. Sie können durch jede Buchhandlung oder direkt durch die Auslieferungsstelle der Österreichischen Akademie der Wissenschaften (Wien I, Singerstraße 12) bezogen werden.

Nachfolgende Abhandlungen aus dem Fache **Botanik** (Biologie) sind erschienen:

1950 (S I Bd. 159):

Cholnoky B. v. und Höfler K.: Vergleichende Vitalfärbungsversuche an Hochmooralgen (mit 23 Textabbildungen), 39 Seiten. S 29.40

1951 (S I Bd. 160):

Biebl R.: Bodentemperaturen unter verschiedenen Pflanzengesellschaften (mit 9 Textabbildungen), 19 Seiten. S 13.—

Fritz Anna: Veränderungen von Plasmaeigenschaften durch Vitalfarbstoffe, I. Prune pure, 99 Seiten. S 19.—

Kasy Rosemarie: Untersuchungen über Verschiedenheiten der Gewebeschichten krautiger Blütenpflanzen in Beziehung zu entwicklungsgeschichtlichen Befunden Hans Winklers an Pfropfbastarden (mit 2 Textabbildungen), 63 Seiten. S 29.—

Kopetzky-Rechtperg O.: Über eine Mißbildung der Alge Netrium digitus (Ehrenberg) Itzigs und Rothe (mit 1 Textabbildung), 5 Seiten. S 2.50

Krebs Ingeborg: Beiträge zur Kenntnis des Desmidiaceen-Protoplasten: I. Osmotische Werte. II. Plastidenkonsistenz (mit 3 Textabbildungen), 34 Seiten. S 20.—

Loub W.: Über die Resistenz verschiedener Algen gegen Vitalfarbstoffe (mit 4 Textabbildungen), 37 Seiten. S 20.—

Luhan Maria: Zur Wurzelanatomie unserer Alpenpflanzen: I. Primulaceae (mit 10 Textabbildungen), 26 Seiten. S 12.50

Stadelmann E.: Zur Messung der Stoffpermeabilität pflanzlicher Protoplasten: I. Die mathematische Ableitung eines Permeabilitätsmaßes für Anelektrolyte (mit 6 Textabbildungen), 26 Seiten. S 16.—

Weber E.: Physiologische Untersuchungen an Euglena olivacea. 23 Seiten. S 7.—

1952 (S I Bd. 161):

Cholnoky B. J. v.: Beobachtungen über die Plasmolyse: I. Die protoplasmatische Wirkung von NaCl-, NaOH- und HCl-Gemischen auf Delphinium-Blumenblattzellen (mit 7 Tafeln), 18 Seiten. S 12.90

Höfler K., w. M., und Loub W.: Algenökologische Exkursion ins Hochmoor auf der Gerlosplatte (mit 2 Textabbildungen), 21 Seiten. S 10.70

Kopetzky-Rechtperg O.: Artenliste von Desmidiales aus den österreichischen Alpen (mit 1 Textabbildung), 22 Seiten. S 9.40

Krebs Ingeborg: Beiträge zur Kenntnis des Desmidiaceen-Protoplasten: III. Permeabilität für Nichtleiter (mit 6 Textabbildungen), 37 Seiten. S 23.80

Küster E.: Beobachtungen über die Wirkungen des Ultraschalls auf lebende Pflanzenzellen, 13 Seiten. S 5.—

Luhan Maria: Zur Wurzelanatomie unserer Alpenpflanzen: II. Saxifragaceae und Rosaceae (mit 15 Textabbildungen), 38 Seiten. S 16.70

Stadelmann E.: Zur Messung der Stoffpermeabilität pflanzlicher Protoplasten, II. (mit 5 Textabbildungen), 35 Seiten. S 25.70

Toth-Ziegler Annemarie: Rot fluoreszierende Inhaltskörper bei Leguminosen (mit 22 Textabbildungen), 44 Seiten. S 22.40

Wawrik Friederike: Grundwasserstudie (mit 7 Textabbildungen). 20 Seiten. S 12.50

Wiesner Gertraud: Die Bedeutung der Lichtintensität für die Bildung von Moosgesellschaften im Gebiet von Lunz, 24 Seiten. S 10.80

1953 (S I Bd. 162):

Cholnoky B. J. v.: Beobachtungen über die Plasmolyse II. Zur Protoplasmatik der Staubblatthaarzellen von Tradescantia (mit 31 Textabbildungen). S 11.40

Cholnoky B. J. v. und Schindler H.: Die Diatomeengesellschaften der Ramsauer Torfmoore (mit 41 Textabbildungen). S 15.60

Hirn Ilse: Vitalfärbung von Diatomeen mit basischen Farbstoffen (mit 8 Textabbildungen) S 16.20

Huber Elfriede: Beitrag zur anatomischen Untersuchung der Antheren von Saintpaulia (mit 6 Textabbildungen). S 4.90

Lenk Ingeborg: Über die Plasmapermeabilität einer Spirogyra in verschiedenen Entwicklungsstadien und zu verschiedener Jahreszeit (mit 1 Textabbildung und 1 Tafel). S 20.—

Loub W.: Zur Algenflora der Lungauer Moore (mit 3 Textabbildungen). S 22.90

Wimmer Ch. und Höfler K.: Über die Eigenfluoreszenz lebender, absterbender und toter Florideenzellen (mit 3 Textabbildungen). S 9.60

Diskus A.: Vom Osmoseverhalten halophiler Euglenen vom Neusiedler See (mit 3 Tafeln). S 8.50

Auslösung von Vakuolenkontraktion durch undissoziierte Basen

Von Wilhelm S c h e i d l

(Aus dem Pflanzenphysiologischen Institut der Universität Wien)

Mit 12 Textabbildungen und 15 Diagrammen

(Vorgelegt in der Sitzung am 9. Dezember 1954)

Einleitung.

Unter Vakuolenkontraktion bzw. Spontankontraktion der Vakuole versteht man nach der von K ü s t e r (1926) gegebenen Definition eine nicht osmotisch bedingte Verkleinerung der Vakuole, wie sie auf mannigfaltige Reize hin und oft auch spontan erfolgt. Im Gegensatz dazu nennen wir diejenige Verkleinerung des Zellsaftraumes, die auf osmotischem Wege, also durch die Einwirkung von hypertonischen Lösungen und unter Abhebung des lebenden Plasmas von der Zellwand, zustande kommt, seit d e V r i e s (1877) Plasmolyse.

Vom Tonoplastenphänomen sprechen wir, wenn das Plasma einer Zelle beim Zusatz des Hypertonikums so stark geschädigt wird, daß sich nur mehr die — allein semipermeabel bleibende — Vakuolenwand osmotisch verkleinert.

Solche Tonoplastenkontraktion kann ähnliche Bilder liefern wie die Vakuolenkontraktion, ist aber von letzterer dadurch unterschieden, daß sie unter dem Einfluß von hypertonischen Lösungen zustande kommt und daß eine nachträgliche Plasmolysierung der Zelle nicht mehr möglich ist.

Die Aufstellung des Begriffes der Vakuolenkontraktion geht auf K ü s t e r (1926) zurück. Er beobachtete die Erscheinung bei der Vitalfärbung der Außenepidermis der *Allium-cepa*-Zwiebel und nannte sie „Spontankontraktion der Vakuole". W e b e r (1925) hatte bereits analoge Vorgänge an Fruchtfleischzellen von *Ligustrum vulgare* beobachtet und von „falscher Plasmolyse" gesprochen. 1930 wies er dann auf die Identität dieses Phänomens mit der Küsterschen Spontankontraktion hin. In derselben Arbeit beschrieb W e b e r (1930) Vakuolenkontraktion an *Elodea canadensis* nach Vitalfärbung mit Neutralrot. Dabei zeigte sich jedoch, daß nahezu alle Zellen des Blättchens eine Kontraktion geringen Grades zeigten, während in den Küsterschen Versuchen stets nur einzelne Zellen eine Kontraktion starken Grades aufwiesen. H ö f l e r unterschied dann auf Grund der Arbeiten von H e n n e r (1934) die beiden Kontraktionstypen und bezeichnete sie mit den Ausdrücken „Allgemeinkontraktion" und „Einzelkontraktion". (Vgl. die Diskussion in H ö f l e r 1947 b, S. 606.)

Die schon seit langem, besonders aber in neuerer Zeit mehrfach mitgeteilten Beobachtungen über Kontraktionsvorgänge in den sog. „festen Zellsäften" der Korollzellen von *Borraginaceae* (G i c k l h o r n und W e b e r 1926, W e b e r 1935, H o f m e i s t e r 1940, K e n d a und W e b e r 1952, W e b e r und K e n d a 1953) beruhen nach Meinung W e b e r s und der meisten Autoren auf synäretischen Vorgängen in stark kolloidhaltigen, sich verfestigenden Zellsäften. Dabei wird die von dem sich kontrahierenden Teil der Vakuole abgegebene Flüssigkeit nicht vom Plasma aufgenommen, sondern erfüllt den Raum zwischen dem kontrahierten, verfestigten Vakuoleninhalt und dem letzteren, so daß dieser Vorgang einen besonderen Typus von Vakuolenkontraktion darstellt.

Über das Zustandekommen der durch die eingangs gegebene Definition abgegrenzten Vakuolenkontraktion im engeren Sinne sind zahlreiche Untersuchungen angestellt worden. Vor allem stellte sich heraus, daß die Erscheinung viel verbreiteter ist, als die Untersuchungen von W e b e r (1925) und K ü s t e r (1926) zunächst vermuten ließen. So untersuchte etwa P a r d a t s c h e r (1951) Blütenblattzellen von 76 Pflanzen aus den verschiedensten Familien und fand bei über 50% derselben Einzelkontraktion bei Behandlung mit Leitungswasser. Die auslösenden Ursachen können aber sehr verschieden sein. Sowohl mechanische Reize, wie Verletzung oder Klopfen auf das Deckglas (K ü s t e r 1926, 1929, K e i l 1930), als auch chemische Reize sind wirksam. Unter den letzteren ist vor allem die V i t a l f ä r b u n g m i t N e u t r a l r o t und anderen Farbstoffen immer wieder untersucht worden. Nach den bereits mehrfach zitierten Arbeiten von K ü s t e r und W e b e r beschäftigte sich W e b e r s Schüler K u n z e (1931), sodann zumal S t r u g g e r (1935, 1936) mit dem Problem. Sie stellten übereinstimmend fest, daß im sauren Bereich, in dem das Neutralrot dissoziiert ist und die Zellmembran anfärbt, keine Vakuolenkontraktion zu erzielen ist. Nur vom alkalischen Bereich an, in welchem der Farbstoff als undissoziierte Base vorliegt, leicht in die Vakuole eindringt und in dieser gespeichert wird, ist die Erscheinung zu beobachten. K ü s t e r (1937—1942, 1947) machte weitere Mitteilungen über Vakuolenkontraktion nach Vitalfärbungen. Er fand eine Verstärkung und Beschleunigung des Vorganges durch erhöhte Temperatur und Äthernarkose. D r a w e r t (1938, 1940) machte die wichtige Entdeckung, daß solche Zellsäfte, die Neutralrot mit rotem Farbton speichern, meist Vakuolenkontraktion zeigen, solche, die den Farbstoff mit violettem Farbton aufnehmen, hingegen nicht. Diese beiden Typen von Zellsäften unterschied H ö f l e r (1947 a, 1949) auf Grund von Versuchen mit dem Fluoreszenzfarbstoff Akridinorange als „leere" und „volle" Zellsäfte. Die leeren Zellsäfte geben auch mit Akridinorange zumeist Allgemeinkontraktion, verbunden mit einer roten Fluoreszenz der gefärbten Vakuolen, während volle Zellsäfte bei gleicher Behandlung grün fluoreszieren und niemals Vakuolenkontraktion geben (H ö f l e r 1947 b, S. 609). T o t h (1952) bestätigte diese Befunde neuerlich durch Fluoreszenzbeobachtungen an mit Neutralrot gefärbten Zellen. Über einen Ausnahmefall, in dem (an anderen Objekten) auch volle Zellsäfte Vakuolenkontraktion zeigen, wurde jüngst berichtet (S c h e i d l 1955).

Auch ohne Vitalfärbung scheint übrigens der p_H-Wert des Mediums eine Rolle bei der Auslösung der Vakuolenkontraktion zu spielen. P a r d a t s c h e r (1951) erhielt durch Behandlung von Alliuminnenepidermen mit Phosphatpufferlösungen p_H 3 Einzelkontraktionen, in alkalischem Puffer und in Leitungswasser Allgemeinkontraktion. Interessanterweise erhielt er auch mit dest. Wasser, das in einem Kupferapparat destilliert wurde, trotz leicht saurer Reaktion Allgemeinkontraktion, wesentlich weniger stark wirkte jedoch quarzdestilliertes Wasser von etwa gleichem p_H.

Über die Mechanik der Vakuolenkontraktion wurden verschiedene Ansichten geäußert, ohne daß jedoch eine allgemein befriedigende Erklärung gegeben werden konnte. W e b e r (1930) sagt: „Es ist naheliegend, zu vermuten, daß das Zytoplasma das zu Volumszunahme bei Vakuolenkontraktion erforderliche Wasser von der sich verkleinernden Vakuole her aufnimmt. Auch sprechen verschiedene Anzeichen dafür, daß mit der Volumszunahme eine Erniedrigung der Viskosität des Zytoplasmas verbunden ist." Ferner fand W e b e r (1930 b), daß Blütenblätter von *Thea japonica*, an deren Zellen fast durchwegs die sogenannte Alterskontraktion aufgetreten war, noch voll turgeszent waren, und schloß daraus, daß der optisch leere Raum zwischen Vakuole und Zellwand mit turgeszentem Material erfüllt ist. Auch K e i l (1930) und H a r t m a i r (1938) vertreten die Ansicht, daß die Vakuolenkontraktion an *Elodea* in einer Wasserabgabe der sich verkleinernden Vakuole an das Zytoplasma besteht. H e n n e r (1934) stellte den Gedanken zur Diskussion, daß bei der Allgemeinkontraktion das Plasma der aktive Teil ist, indem es aufquillt und das dazu nötige Wasser der Vakuole entzieht; für die Einzelkontraktion hingegen ist es nach H e n n e r möglich, daß sie nur an solchen Zellen erfolgt, bei denen das Plasma bereits stark degeneriert ist, so daß es einer in diesem Falle von der Vakuole eingeleiteten Bewegung keinen Widerstand entgegensetzt. Der gleiche Autor fand außerdem, daß bei Einzelkontraktion von *Ligustrum*-Fruchtfleischzellen eine starke Abnahme des osmotischen Wertes erfolgt. H a r t m a i r (1938) beobachtete eine geringe Abnahme an *Allium*-Epidermen, keine solche aber an *Elodea*.

Die folgende Arbeit behandelt im wesentlichen die Auslösbarkeit der Allgemeinkontraktion durch chemische Reize.

An dieser Stelle möchte ich vor allem Herrn Professor Dr. H ö f l e r für seine steten Anregungen zu dieser Arbeit und Herrn Dr. K i n z e l, der mir in chemischen Fragen hilfsbereit zur Seite stand und auch einen Teil der Durchsicht besorgte, aufs herzlichste danken.

Fragestellung und Methodik.

Die vorliegende Arbeit baut sich im wesentlichen auf vier Gesichtspunkte auf.

1. Welche chemischen Eigenschaften muß ein Stoff besitzen, um eine Allgemeinkontraktion hervorzurufen?

2. Nehmen unter den Reagenzien, die die Allgemeinkontraktion auslösen, die Farbstoffe eine besondere Stellung ein?

3. Wie ist der Eintritt der Allgemeinkontraktion von der Konzentration des verwendeten Reagens abhängig?

4. Ist die Reversibilität der Allgemeinkontraktion von der Art des verwendeten Reagens abhängig?

Zu meinen Versuchen verwendete ich vorerst den in der Literatur über Vakuolenkontraktion hinlänglich bekannten Vitalfarbstoff Neutralrot (D r a w e r t 1938, 1940, K u n z e 1931, K ü s t e r 1926, 1937, 1942, S t r u g g e r 1935, 1936, T o t h 1952, W e b e r 1930, W i e s n e r 1950) und als zweiten Farbstoff Vesuvin (Bismarckbraun). Aus der Arbeit von P a r d a t s c h e r (1951) geht ferner hervor, daß vor allem basisch reagierende Stoffe (Leitungswasser, Puffer p_H 7 und p_H 10) Allgemeinkontraktion an Innenepidermiszellen der Zwiebelschuppen von *Allium cepa* eintreten lassen. Ich zog daher zu meinen Versuchen auch wässerige Lösungen von Ammoniak, den drei Ammonsalzen Ammonkarbonat, Ammonsulfat, Ammonphosphat, als weitere Salze Kaliumkarbonat und Natriumkarbonat, die beiden Alkalihydroxyde Natronlauge und Kalilauge sowie die organischen Basen Pyridin, Methylamin, Dimethylamin und Trimethylamin heran.

Die Farbstoffe wurden aus einer Stammlösung 1 : 1000 nach der von Strugger angegebenen Methode verdünnt (8 Teile aqua dest., 1 Teil Puffer p_H 7,1 und 1 Teil Farbe). Die Lösungen der anderen Agenzien wurden durch Verdünnung einer molaren Lösung hergestellt.

Als Versuchsobjekt verwendete ich Zwiebeln von *Allium cepa*. Sie stammten aus dem Versuchsgarten des Pflanzenphysiologischen Institutes der Universität Wien. Es handelt sich dabei um eine gelbe Varietät, die in der gärtnerischen Nomenklatur unter „gelbe Zittauer" bekannt ist und die im oben genannten Garten gezogen und frostsicher aufbewahrt worden war. In meinen Versuchen verwendete ich stets solche Exemplare, die noch keine Blätter getrieben hatten und von gleichmäßig mittelgroßer Gestalt waren. In der Vegetationsperiode befindliche Zwiebeln zog ich nur zu Vergleichsversuchen heran. Um ein exaktes Experimentieren zu gewährleisten, wurde jeden Tag eine frische Zwiebel verwendet, aus der ich die Innenepidermis aus der zweiten Schuppe, von außen her gerechnet, entnahm.

Um die Schnitte möglichst ungeschädigt zu bekommen, wurde die Innenepidermis auf der Schuppe mittels einer Rasierklinge in kleine Stücke zerschnitten und nicht heruntergezogen, sondern gleich mit der Schuppe in der zu behandelnden Lösung mittels einer Wasserstrahlpumpe infiltriert. Nach dieser Behandlung lösen sich die Epidermisschnitte von selbst ab. Nachdem die Schuppen entfernt worden waren, wurden die Schnitte noch zehn bis fünfzehn Minuten in der Lösung belassen und nach Ablauf dieser Zeit unter dem Deckglas unter stetigem Durchsaugen der betreffenden Lösung untersucht.

Da die Zwiebelzellen sich in bezug auf die Vakuolenkontraktion in den verschiedenen Abschnitten nicht gleichmäßig verhalten (Pardatscher 1951), gliederte ich die Zwiebel in meinen Versuchen in drei Regionen: Basis, Mitte, Spitze (Bezeichnung nach Houska 1939). Diese Gliederung erwies sich versuchstechnisch vorteilhafter als die Einteilung nach Pardatscher (Oberer Pol, oberer Pol bis Mitte, Mitte, unterer Pol bis Mitte, unterer Pol) (Abb. 1).

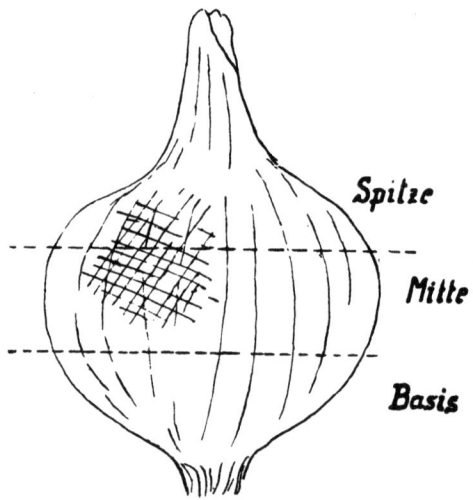

Abb. 1. Allium cepa-Zwiebel eingeteilt in drei Regionen.

1. Versuche mit Neutralrot.

Das Neutralrot nimmt unter den Hellfeldfarbstoffen eine bevorzugte Stellung ein. Schon die Untersuchungen von Ruhland (1908) zeigten, daß es als basischer Farbstoff vor allem aus neutralem bis schwach basischem Milieu von den lebenden Zellen besonders rasch aufgenommen wird. Weber (1930) erzielte durch Neutralrotfärbung bei Elodea-Zellen als erster Allgemeinkontraktion. Inzwischen hat sich herausgestellt, daß dieser Kontraktionstyp vor allem auch für die durch leere Zellsäfte (Höfler 1947 b, 1949) ausgezeichneten Innenepidermiszellen von *Allium cepa* charakteristisch ist. Färbt man solche Zellen mit dem obgenannten Farbstoff, so tritt über p_H 7,1 (Strugger 1936) ein erdbeerroter Farbton auf, die Zellen zeigen fast zu 100% Allgemeinkontraktion im Schnitt, d. h. die Verkleinerung der Vakuole tritt nicht vereinzelt etwa an Schnitträndern auf, sondern erstreckt sich über ganze Zellareale, oder es sind überhaupt alle Zellen des Schnittes kontrahiert. Der Grad einer solchen Kontraktion ist meist gleichmäßig und im Vergleich zu der Einzelkontraktion wesentlich geringer.

Strugger (1936) führte mit auf solche Art eingetretener Allgemeinkontraktion Reversibilitätsversuche durch, indem er die roten Schnitte in ein ungefärbtes Medium gleicher Reaktion überführte. Es kam zu einer allgemeinen Entfärbung und gleichzeitigen Wiederausdehnung der Vakuolen, die nach 12 bis 20 Stunden wieder ihr normales Aussehen erreicht hatten.

Hatte man vorher stets Neutralrot in einer Konzentration von 1 : 10.000 zur Behandlung der Schnitte verwendet, so war nun zu fragen, in welcher Verdünnung man diesen Farbstoff anwenden kann, um noch eine Vakuolenkontraktion zu erreichen. Mit Abnahme der Konzentration wird der Grad der Allgemeinkontraktion stets geringer. Ich gliederte daher innerhalb der Versuchsreihen die Allgemeinkontraktion in drei verschiedene Stufen. Nachstehende Begriffe gelten auch für die folgenden Versuchsabschnitte dieser Arbeit.

1. Starke Allgemeinkontraktion: Die Ausdehnung der Vakuole in der Zelle beträgt 60 bis 80% (im Protokoll mit + + bezeichnet).

2. Schwache Allgemeinkontraktion: Die Vakuole erfüllt 80 bis 90% des Zellumens (im Protokoll mit + bezeichnet).

3. Sehr schwache Allgemeinkontraktion: Die Vakuolenkontraktion tritt nur soweit ein, daß die Vakuole gerade noch die Zellecken freigibt (im Protokoll mit + — bezeichnet).

Die tiefste Konzentration, in der noch sehr schwache Allgemeinkontraktion feststellbar ist, liegt für Zellen aus der Spitze der Zwiebelschuppen bei einer Verdünnung von 1 : 60.000. Der Grad der Vakuolenkontraktion ist hier geringer als bei den anderen Zwiebelregionen. Nur bei 1 : 10.000 trifft man vereinzelt auf Schnitte, die durch starke Allgemeinkontraktion ausgezeichnet sind. Die meisten sind schwach kontrahiert, und schon in der nächstniederen Lösung ist nur mehr sehr schwache Allgemeinkontraktion zu beobachten.

Schnitte aus der Mitte weisen starke Allgemeinkontraktion von 1 : 10.000 bis 1 : 20.000 auf. Die zwei nächsttieferen Verdünnungsstufen sind nur mehr durch schwache Kontraktion charakterisiert. Diese wird im weiteren durch sehr schwache Allgemeinkontraktion abgelöst, die bei 1 : 80.000 ihre Grenze erreicht.

Am empfindlichsten dem Agens gegenüber verhalten sich die Schnitte der Basis. Einer starken Allgemeinkontraktion bis zu einer Konzentration von 1 : 10.000 bis 1 : 20.000 folgt schwache bis 1 : 50.000. Die sehr schwache Allgemeinkontraktion erreicht ihre unterste Grenze erst bei 1 : 100.000.

Mit zunehmender Verdünnung der Lösung tritt bei den Zellen auch eine verminderte Färbung auf. Waren sie anfangs erdbeerrot gefärbt, so nimmt die Farbtiefe über lichterdbeerrot immer mehr ab, bis bei stark verdünnter Lösung sich die Vakuole überhaupt nicht mehr anfärbt. Dabei bestehen auch Unterschiede in den Zwiebelregionen. So vermögen die Zellen aus der Spitze nur aus Lösungen bis zu einer Konzentration von 1 : 60.000 in wahrnehmbarer Weise Farbe zu speichern. Die Speicherungsfähigkeit steigert sich, je näher die verwendeten Schnitte der Basis sind. Bei Zellen aus der Zwiebelmitte tritt noch in Lösungen der Konzentration 1 : 80.000 sichtbare Färbung auf, bei solchen aus dem unteren Pol ist sie noch bei 1 : 100.000 wahrnehmbar. Hand in Hand mit dem Grad der Stoffspeicherung geht auch der Grad der Allgemeinkontraktion. Je weniger konzentriert die Lösung ist, d. h. je schwächer die Farbstoffspeicherung in der Vakuole erfolgt, um so geringer ist auch der Grad der Allgemeinkontraktion. Dort, wo keine sichtbare Färbung auftritt, fehlt auch meist die Vakuolenkontraktion, oder sie ist nur vereinzelt an den Schnitträndern zu bemerken.

Die folgende Tabelle gibt eine übersichtliche Darstellung der beobachteten Erscheinungen. Die Zahlenwerte geben jeweils den Durchschnitt von fünf Einzelbeobachtungen wieder. Die Zeichen ++, + und + — bedeuten nach der auf S. 651 gegebenen Skala starke, schwache und sehr schwache Allgemeinkontraktion, die vor diesen Zeichen gesetzten Zahlen bedeuten jeweils den Prozentsatz der Zellen, die diesen Grad der Allgemeinkontraktion zeigten.

2. Versuche mit Vesuvin.
(Bismarckbraun.)

Der Farbstoff Vesuvin oder Bismarckbraun liegt genau so wie Neutralrot im basischen Bereich in Form von undissoziierten Molekülen vor. Der dabei auftretende Farbton, der zwischen p_H 2 und 6 rotbraun ist, schlägt über p_H 6,5 nach gelb um (Drawert 1940).

Durch Behandlung der Innenepidermiszellen von *Allium cepa* mit Vesuvin tritt ein ähnliches Verhalten der Zellen wie bei Neutralrotfärbung auf. Werden die Schnitte in der Farblösung infiltriert und längere Zeit darin belassen, so nehmen die Vakuolen einen lichtbraunen bis gelben Farbton an, und es kommt dabei zu einer Allgemeinkontraktion. Das Agens zeigt diesbezüglich jedoch nicht genau dieselbe Wirkung, wie ich sie bei Neutralrot beobachten konnte. War bei letzterem Farbstoff durch Behandlung mit einer Stammlösung (1 : 1000) zwar intensive Rotfärbung der Vakuolen eingetreten, so konnte ich in diesem Falle doch niemals Vakuolenkontraktion feststellen. Die mit Vesuvin von gleicher Konzentration behandelten Zellen hingegen zeigten mit Ausnahme solcher aus der Wurzelnähe bei fast allen Schnitten Allgemeinkontraktion. Der Grad der auftretenden Kontraktion war bei den Zellen aus der

Tabelle 1. Allium. Vakuolenkontraktion in Neutralrot.

Konzentration	Spitze % Grad	Spitze Farbton	Mitte % Grad	Mitte Farbton	Basis % Grad	Basis Farbton
1 : 10.000	22 ++ / 78 +	erdbeerrot	60 ++	erdbeerrot	80 ++	erdbeerrot
1 : 20.000	20 + / 80 +−	"	80 ++ / 23 +−	lichterdbeerrot	66 ++ / 23 +	"
1 : 30.000	60 +−	lichterdbeerrot	64 +	"	80 +−	lichterdbeerrot
1 : 40.000	80 +−	schwachrot	23 +− / 80 +	"	20 +−	"
1 : 50.000	65 +−	fast farblos	80 +−	blaßrot	40 + / 60 +−	schwachrot
1 : 60.000	18 +	"	56 +−	"	30 + / 50 +−	"
1 : 70.000			18 +−	"	72 +−	"
1 : 80.000			6 +−	fast farblos	60 +−	blaßrot
1 : 90.000					72 +−	"
1 : 100.000					78 +−	"
1 : 110.000					38 +−	fast farblos

Spitze schwach bis sehr schwach, der in Schnitten der Mitte bei 50% derselben stark. Anders jedoch bei solchen der Basis. Hier tritt bei Versuchen mit der Stammlösung niemals eine Allgemeinkontraktion ein, obwohl die Vakuolen schön lichtbraun, manchmal auch dunkler gefärbt sind.

Die unterste Grenze, bis zu der der Eintritt der Allgemeinkontraktion erfolgt, ist in den einzelnen Zwiebelabschnitten ebenfalls verschieden. Am wenigsten empfindlich dem Agens gegenüber zeigen sich die Zellen aus der Spitze. Die Allgemeinkontraktion, die meist schon in sehr schwachem Grade durch die Stammlösung hervorgerufen wird, tritt bis zu einer Verdünnung von 1 : 10.000, jedoch auch nicht mehr in allen Schnitten, auf. Je geringer die Konzentration ist, um so geringer wird der prozentuale Anteil der durch Vakuolenkontraktion ausgezeichneten Zellen im Schnitt.

Die bei 1 : 1000 an Zellen der Mitte beobachtete starke Allgemeinkontraktion bleibt bis 1 : 5000 noch erhalten, bei 1 : 10.000 wird sie schwach und geht in der nächsttieferen Konzentrationsstufe in sehr schwache Allgemeinkontraktion über. Erst bei 1 : 40.000 tritt Vakuolenkontraktion nicht mehr ein.

Die an Zellen der Basis erst bei 1 : 5000 auftretende starke Allgemeinkontraktion wird schon bei einer Verdünnung von 1 : 10.000 durch schwache, über zwei Konzentrationsstufen erhalten bleibende Vakuolenkontraktion abgelöst. Die bei einer Konzentration von 1 : 30.000 auftretende sehr schwache Allgemeinkontraktion ist nur mehr bei 1 : 40.000 zu beobachten. Stärker verdünnte Lösungen sind unwirksam.

Ganz ähnlich wie bei Neutralrot liegt auch bei Vesuvin eine Korrelation zwischen Farbton der Vakuole und dem Grad der Allgemeinkontraktion vor. Dabei unterschied ich im wesentlichen vier verschiedene Farbstufen: mittelbraun, lichtbraun, gelb und blaßgelb. In welcher Weise Kontraktionsgrad und Farbtönung einander entsprechen, soll nachstehende Tabelle veranschaulichen.

3. Versuche mit Ammoniak (NH_3).

Ammoniak ist in wässeriger Lösung stark alkalisch. So besitzt beispielsweise eine 0,5 molare Lösung einen p_H-Wert von etwa 11,5 (Wert wurde rechnerisch ermittelt). Eine solche Lösung enthält neben NH_3- und NH_4OH-Molekülen, wobei letztere durch Wechselwirkung von Wasser und Ammoniak entstehen, auch noch OH^-- und NH_4^+-Ionen. Von den basischen Farbstoffen wissen wir, daß nur die Farbmoleküle ins Plasma zu permeieren vermögen

Tabelle 2. Allium. Vakuolenkontraktion in Vesuvin.

Konzentration	Spitze		Mitte		Basis	
	% Grad	Farbton	% Grad	Farbton	% Grad	Farbton
1 : 1.000	40 + 60 +−	lichtbraun ,,	50 ++ 50 +−	mittelbraun ,,	—	—
1 : 5.000	40 +−	,,	73 ++ 27 +−	lichtbraun ,,	60 ++ 40 +	mittelbraun gelbbraun
1 : 10.000	10 +−	blaßgelb	66 + 33 +−	gelb ,,	45 + 55 +	,, ,,
1 : 20.000	—	—	30 +−	,,	60 +	,,
1 : 30.000	—	—	—	—	20 +−	gelb
1 : 40.000	—	—	—	—	20 +−	blaßgelb
1 : 50.000	—	—	—	—	—	—

(Drawert 1940, Höfler 1947, Pecksieder 1949), Ionen dagegen höchstens in saurem Bereich eine Membranfärbung hervorrufen können. Dies bestärkt analog dazu die Annahme, daß es auch bei Ammoniaklösungen nicht die NH_4^+- und OH^--Ionen sein können, die die Allgemeinkontraktion hervorrufen, sondern die Moleküle von NH_3.

Aus den Versuchen, die nach Konzentrationen und Zwiebelabschnitten eingeteilt waren, ergibt sich folgendes Bild.

Die Zellen der Spitze sind am wenigsten bereit Allgemeinkontraktion zu geben. So erreicht man sie noch bei einer Konzentration von 0,06 Mol. Sie zeigt ab 0,1 Mol sehr schwachen Grad, während von 0,5 Mol bis 0,2 Mol ein schwacher Kontraktionsgrad vorherrscht. Zu starker Allgemeinkontraktion kommt es nicht.

Bei der Zwiebelmitte sind Konzentrationen bis zu 0,04 Mol noch wirksam. Ein schwacher Kontraktionsgrad tritt dabei ebenfalls nur zwischen 0,5 und 0,2 Mol ein, während die Vakuolen durch verdünntere Lösungen nur sehr schwach kontrahiert werden.

Zellen der Basis sind am empfindlichsten. Auch bewirken die hohen Konzentrationen (0,5—0,3 Mol) hier das Auftreten einer starken Allgemeinkontraktion, welche in den anderen Zwiebelregionen bei gleicher Lösungsstufe nicht erreicht wurde. Die schwache Allgemeinkontraktion erhält man bis zu einer Konzentration von 0,1 Mol. Sie wird durch sehr schwache Allgemeinkontraktion abgelöst, die noch bis 0,02 Mol eintritt.

Die Lebensdauer der auf diese Weise behandelten Zellen bewegt sich bei denen, die stärker kontrahiert sind, zwischen 50 und 90 Minuten, während die durch sehr schwache Allgemeinkontraktion charakterisierten Zellen in der Regel eine Lebensdauer bis zu drei Stunden aufweisen. Erst dann tritt eine Koagulation des Plasmas ein, falls die Vakuole nicht schon nach $1^1/_2$ bis 2 Stunden eine Diastole erfahren hat.

In den mit solchen Lösungen behandelten Schnitten konnte, nachdem Vakuolenkontraktion eingetreten war, durch Behandlung mit 1,0 Mol Trz. jedesmal eine Plasmolyse in normaler konvexer Form beobachtet werden.

Übrigens beeinflußt die Verdünnung den p_H-Wert nicht sehr stark. Die Berechnung nach der bekannten Anwendungsformel $\alpha = \sqrt{\dfrac{K}{c}}$ ergibt für eine 0,5 molare Lösung einen p_H-Wert von 11,0.

Eine Tabelle soll die Ergebnisse meiner NH_3-Versuche in übersichtlicher Form darstellen.

Tabelle 3. **Vakuolenkontraktion mit NH_3.**

Konzentration	Spitze	Mitte	Basis
	in Prozenten		
0,5 Mol	100 +	80 +	45 + +
			55 +
0,4 Mol	100 +	44 +	13 + +
		56 + −	87 + −
0,3 Mol	40 +	54 +	20 + +
	60 + −		80 +
0,2 Mol	55 +	63 +	74 +
	45 + −	37 + −	26 + −
0,1 Mol	90 + −	64 + −	45 +
			55 + −
0,09 Mol	90 + −	64 + −	40 +
			45 + −
0,08 Mol	38 + −	84 + −	9 +
			91 + −
0,07 Mol	52 + −	94 + −	74 + −
0,06 Mol	19 + −	50 + −	50 + −
0,05 Mol	—	33 + −	70 + −
0,04 Mol	—	16 + −	40 + −
0,03 Mol	—	—	28 + −
0,02 Mol	—	—	16 + −
0,01 Mol	—	—	—

Die kontrahierten Vakuolen nach Behandlung mit Ammoniak zeigen eine Eigenheit, die bei Vitalfärbung an Alliumzellen nicht aufzutreten pflegt. Bei Allgemeinkontraktion mit schwachem oder starkem Grad treten in den Schnitten manchmal einzeln, manchmal sogar sehr häufig (bis etwa 70%) Zellen auf, deren Vakuolen geteilt sind. Der häufigste Fall ist der, daß im Zellumen eine große Vakuole vorhanden ist, die etwa 60% des Zellraumes erfüllt, jedoch nicht regelmäßig in der Mitte liegt, sondern nach einem Pol der Zelle gerückt erscheint. Eine kleinere Vakuole (sie ist nur halb so groß wie die erstere) liegt dem entgegengesetzten Pol genähert. Das Plasma ist normal aufgequollen und erfüllt sämtliche von den Zellsafträumen nicht eingenommenen freien Stellen im Zellumen.

Bei einigen auf diese Weise ausgezeichneten Zellen ist zwischen den beiden Vakuolen nicht viel Plasma vorhanden, da sie häufig aneinandergerückt sind, ohne jedoch untereinander verschmelzen zu können. Sind die Menisken der beiden Vakuolen stark gerundet, so berühren sich beide Teile nur an einem Punkt. Es bleiben daher

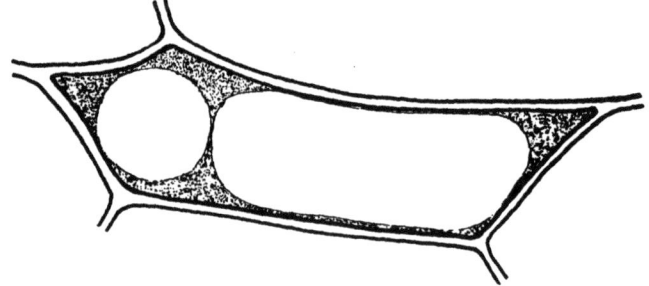

Abb. 2. Zweiteilung der Vakuole nach Behandlung mit Ammoniak.

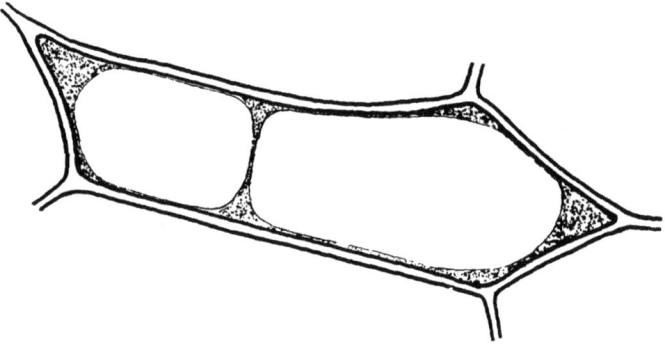

Abb. 3. Zweiteilung der Vakuole nach Behandlung mit Ammoniak (siehe Text).

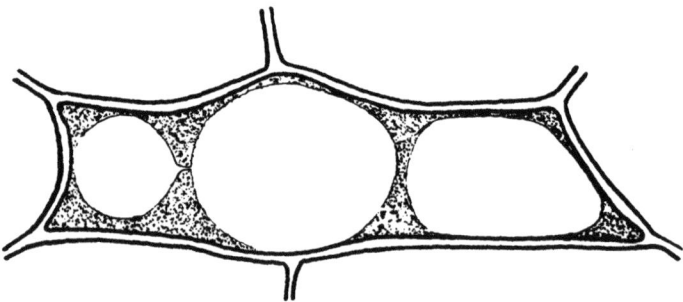

Abb. 4. Dreiteilung der Vakuole nach Behandlung mit Ammoniak.

größere Zwickel zwischen den beiden Zellsafträumen frei (Abb. 2). Es kann aber auch der Fall eintreten, daß sich die Vakuolen fest aneinanderlegen, so daß die Berührungsflächen der Vakuolen fast senkrecht zur Längsrichtung der Zelle stehen. Dann bleiben nur ganz kleine plasmaerfüllte Zwickel über (Abb. 3). In seltenen Fällen wird eine Vakuole bei der Kontraktion in drei meist gleichgroße Teile aufgeteilt. Dabei kann es auch vorkommen, daß zwei von diesen Teilvakuolen noch durch einen dünnen Faden der Vakuolenhautsubstanz miteinander verbunden sind (Abb. 4).

Reversibilitätsversuche.

Strugger (1936) führte Reversibilitätsversuche an mit Neutralrot gefärbten Innenepidermisschnitten von Allium cepa durch, indem er die roten Schnitte in ein ungefärbtes Medium gleicher Alkalität überführte. Es kam zu einer allgemeinen Entfärbung der Vakuolen, die mit einer vollständigen Rückbildung der kontrahierten Vakuolen verbunden war, so daß die Zellen spätestens nach 10 bis 20 Stunden wieder ein normales Aussehen erreicht hatten.

Bei meinen Versuchen ging ich von Zellen mit zwei verschiedenen Kontraktionsgraden aus, und zwar von solchen mit einer starken Allgemeinkontraktion, wie man sie an Zellen der Basis durch Behandlung mit 0,3 Mol NH_3 erhält, und von solchen mit einer sehr schwachen Allgemeinkontraktion, die an Zellen des gleichen Abschnittes durch eine Konzentration von 0,05 Mol NH_3 hervorgerufen wird.

Die Schnitte, die sorgfältig in der Lösung infiltriert worden waren, wurden sofort nachher unter ein Deckglas gebracht, das mit vier Füßchen aus Einschlußlack versehen war, um frische Lösung zur Aufrechterhaltung der Konzentration besser durchsaugen zu können.

Stark kontrahierte Zellen.

Nach Durchführung der gebräuchlichen Präparationsmethode tritt bereits nach 4 Minuten eine Allgemeinkontraktion ein. Sie erreicht meist schon innerhalb von 20 Minuten — selten dauert es länger — ihren größtmöglichen Grad (etwa 60 bis 70% des Zellumens). Dieser Zustand bleibt durch 10 Minuten unverändert, um dann in eine langsame Diastole überzugehen, die meist erst nach 40 Minuten mit vollständiger Ausdehnung der Vakuole beendet ist. Dabei zeigt sich, daß die stärker kontrahierten Zellen wesentlich weniger widerstandsfähig sind, als solche, deren Vakuolen nur ein geringes Kontraktionsausmaß erreichen. Erstere gehen selten auf ihre ursprüngliche Vakuolengröße zurück, sondern die Vakuole platzt bereits nach kurzer Dauer der Diastole. Eine neuerliche Systole bei den noch lebensfähigen entquollenen Zellen konnte ich nicht beobachten.

Das Plasma zeigt hier auch ein eigenartiges Verhalten. Es ist nämlich nicht sehr gleichmäßig aufgequollen, sondern kann einzelne

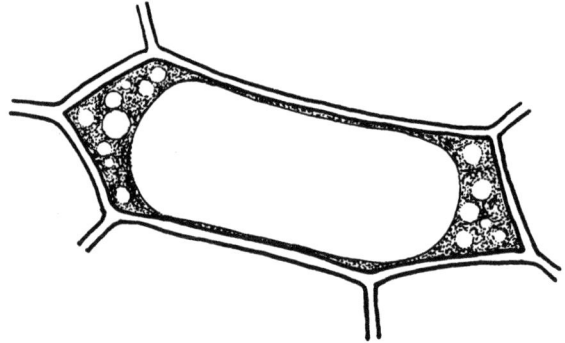

Abb. 5. Auftreten von Plasmavakuolen im gequollenen Plasma nach Behandlung mit Ammoniak.

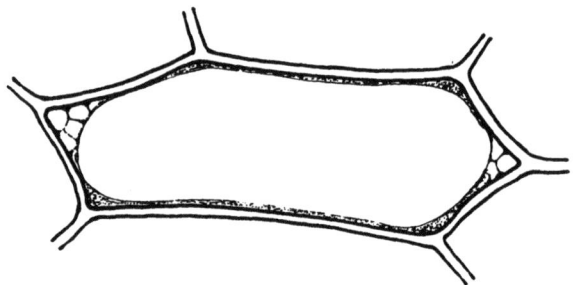

Abb. 6. Plasmavakuolen nach Wiederausdehnung der Vakuole.

oder auch, je nach Größe des vorhandenen Plasmaanteiles, zahlreiche sehr kleine Vakuolen enthalten (Abb. 5), erfolgt nun eine Diastole, so verschwinden mit zunehmender Ausdehnung der Vakuole die kleinen Teilvakuolen vollständig. In den seltensten Fällen ballen sich einige zusammen, verlagern sich in eine Ecke der Zelle und verhindern so, ohne miteinander zu verschmelzen, eine weitere Ausdehnung der Vakuole (Abb. 6). Die Zwei- oder Dreiteilung des Zellsaftraumes bleibt auch bei der Diastole stets er-

Auslösung von Vakuolenkontraktion durch undissoziierte Basen. 661

halten. Beide Teilvakuolen dehnen sich zwar aus und werden dadurch aneinandergepreßt, so daß ihre Berührungsflächen fast senkrecht zur Längsausdehnung der Zelle stehen, zu einer Verschmelzung beider kommt es jedoch nicht.

Drei Protokolle und die dazugehörigen Kurven sollen diesen Versuchsabschnitt illustrieren.

Zeichenerklärung: Lz = Länge der Zellen
Lv = Länge der Vakuole
Tstr. = Teilstrich(e) des Okularmikrometers.

Protokoll 1, ad Kurve 1.
Schnitt eingelegt und infiltriert: $10^h 48'$ Lz = Lv: 101 Tstr.
1. Messung: $10^h 52'$ . . . . Lv: 82 „
2.   „ $11^h 04'$ . . . . Lv: 87 „
3.   „ $11^h 10'$ . . . . Lv: 90 „
4.   „ $11^h 42'$ . . . . Lv: 101 „

Protokoll 2, ad Kurve 2.
Schnitt eingelegt und infiltriert: $10^h 48'$ Lz = Lv: 107 Tstr.
1. Messung: $10^h 52'$ . . . . Lv: 101 „
2.   „ $11^h 04'$ . . . . Lv: 102 „
3.   „ $11^h 10'$ . . . . Lv: 102 „
4.   „ $11^h 42'$ . . . . Lv: 104 „
5.   „ $11^h 51'$ . . . . Lv: 107 „

Protokoll 3, ad Kurve 3.
Schnitt eingelegt und infiltriert: $10^h 48'$ Lz = Lv: 116 Tstr.
1. Messung: $10^h 52'$ . . . . Lv: 104 „
2.   „ $11^h 04'$ . . . . Lv: 104 „
3.   „ $11^h 10'$ . . . . Lv: 107 „
4.   „ $11^h 47'$ . . . . Lv: 116 „

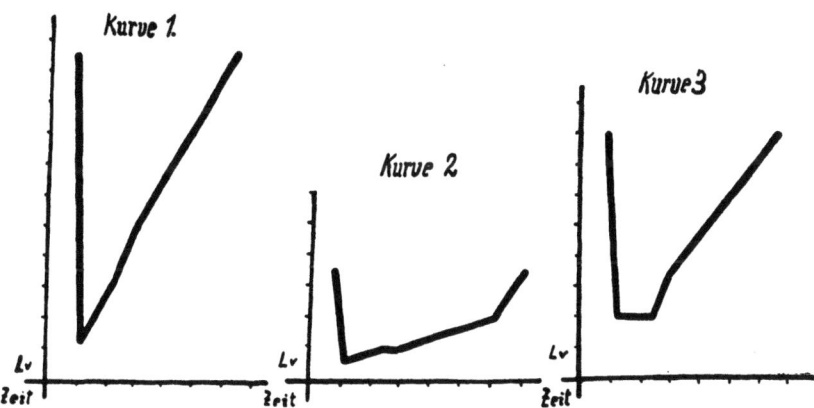

Sehr schwach kontrahierte Zellen.

Dieser Kontraktionstyp ist vor allem dadurch ausgezeichnet, daß bei Abhebung der Vakuole nur an den Ecken ein geringer Teil des Zellumens für das aufquellende Plasma frei wird. Dadurch ist es bei einer prismatischen Gestalt der Zelle nicht möglich, mittels Okularmikrometers die Ausmaße der sich kontrahierenden Vakuole zu messen (Abb. 7). Ich half mir dabei so, daß ich solche Zellen beobachtete, bei denen die kurzen Quermembranen nicht fast senkrecht zur Längsmembran, sondern in einem spitzen Winkel dazu

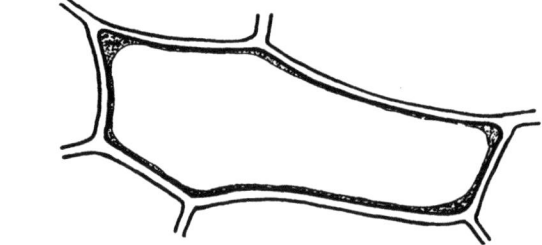

Abb. 7. Sehr schwache Allgemeinkontraktion (siehe Text).

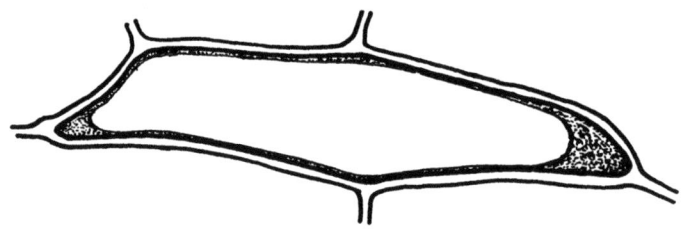

Abb. 8. Sehr schwache Allgemeinkontraktion (siehe Text).

angeordnet waren. An den spitzen Enden dieser Zellen war die Abhebung viel besser zu beobachten und zu messen (Abb. 8).

Bei dem geringen Ausmaß der Allgemeinkontraktion kommt es hier zu keiner Zweiteilung der Vakuole. Das Plasma ist in jedem Fall sehr einheitlich, enthält niemals kleine Teilvakuolen und zeigt lebhafte BMB. Die kontrahierten Zellen sind jedoch in den meisten Schnitten nicht gleichmäßig verteilt. Am häufigsten treten sie an den Schnitträndern auf, wobei die Vakuolen nicht einseitig kontrahiert sind.

In den meisten Fällen ist nach 3 bis 4 Minuten bereits die Allgemeinkontraktion eingetreten und erreicht vielfach innerhalb dieser Zeit ihren größtmöglichen Grad. Bei einzelnen Zellen kann dieser Vorgang jedoch bis zu einer halben Stunde dauern. Auch ist nicht immer eine darauffolgende Ruheperiode vorhanden. Ich konnte eine solche nur an einer einzigen Zelle feststellen. Sie dauert jedoch 55 Minuten. Sonst geht die Systole ohne einer solchen sofort in langsame Diastole über, die 40 Minuten bis über 2 Stunden dauern kann, bevor der Zellsaftraum vollständig seine ursprüngliche Größe erhalten hat.

Dazu drei Protokolle.

Zeichenerklärung: Lz = Länge der Zelle
Lv = Länge der Vakuole (von einem Plasmazwickel zum gegenüberliegenden)
Tstr. = Teilstrich(e) des Okularmikrometers.

Protokoll 4, ad Kurve 4.

Schnitt eingelegt und infiltriert: $15^h 54'$ Lz = Lv: 85 Tstr.

1. Messung: $15^h 58'$ . . . . Lv: 80 ,,
2. ,, $16^h 10'$ . . . . Lv: 77 ,,
3. ,, $16^h 25'$ . . . . Lv: 73 ,,
4. ,, $16^h 53'$ . . . . Lv: 75 ,,
5. ,, $17^h 10'$ . . . . Lv: 85 ,,

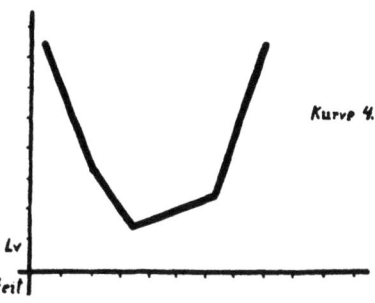

Kurve 4.

Protokoll 5, ad Kurve 5.

Schnitt eingelegt und infiltriert $15^h 54'$ Lz = Lv: 98 Tstr.

1. Messung: $15^h 58'$ . . . . Lv: 96 ,,
2. ,, $16^h 10'$ . . . . Lv: 96 ,,
3. ,, $16^h 25'$ . . . . Lv: 96 ,,
4. ,, $16^h 53'$ . . . . Lv: 96 ,,
5. ,, $17^h 25'$ . . . . Lv: 98 ,,

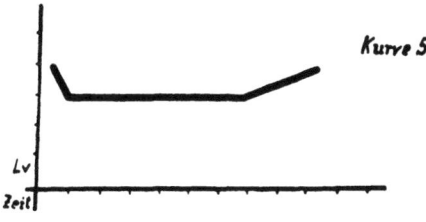

Kurve 5

Protokoll 6, ad Kurve 6.

Schnitt eingelegt und infiltriert: 15ʰ 54′ Lz = Lv: 93 Tstr.
1. Messung: 15ʰ 58′ . . . . Lv: 88 „
2.   „   16ʰ 10′ . . . . Lv: 90 „
3.   „   16ʰ 25′ . . . . Lv: 91 „
4.   „   16ʰ 53′ . . . . Lv: 91 „
5.   „   17ʰ 23′ . . . . Lv: 93 „

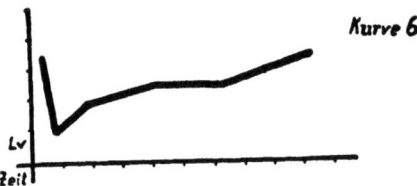

4. Versuche mit Ammonkarbonat $(NH_4)_2CO_3$.

Ammonkarbonat ist ein Neutralsalz, das in wässeriger Lösung fast vollständig in NH_4OH- und H_2CO_3-Moleküle zu hydrolysieren vermag. Aus ersteren entsteht durch Abgabe von Wasser NH_3, aus letzteren CO_2. Ionen von NH_4^+ und CO_3^- sind wahrscheinlich nur in geringer Anzahl vorhanden. Der p_H-Wert einer solchen Lösung liegt im schwach alkalischen Bereich. So konnte ich an einer Konzentration von 0,4 Mol durch Messung mittels Mercks Universalindikator ein p_H um 8 feststellen.

Bei diesem Agens konnte ich die Beobachtung machen, daß bei Behandlung mit Konzentrationen, die zu der des Zellsaftes hypertonisch waren, Plasmolyse eintrat, während die Zellen bei hypotonischen Lösungen Vakuolenkontraktion zeigten. Die Grenze lag, wenn ich Schnitte aus der Spitze und der Mitte untersuchte, bei 0,6 Mol. Die nächsttiefere Konzentration, also 0,5 Mol, zeichnete sich vor allem dadurch aus, daß beide grundverschiedene Phänomene nebeneinander möglich waren. Ich konnte an Schnitten, die zur gleichen Zeit infiltriert wurden und gleich lang in der Lösung liegengeblieben waren, bemerken, daß der eine schwache konvexe Plasmolyse zeigte, während die Zellen eines anderen durch das Auftreten von sehr schwacher Allgemeinkontraktion ausgezeichnet waren. Weiters konnte ich feststellen, daß die Grenze, an der die Vakuolenkontraktion durch Plasmolyse abgelöst wird, bei Zellen der Basis erst bei 0,5 Mol liegt. Man erhält demnach erst von 0,4 Mol Ammonkarbonat abwärts Allgemeinkontraktion.

Die Wirkung von Ammonkarbonat ist weniger intensiv als die von Ammoniak. Die Empfindlichkeit dem Reagens gegenüber nimmt auch hier von der Spitze zur Basis zu. So konnte ich an Zellen der ersteren nur bei einer einzigen Konzentrationsstufe (0,5 Mol) sehr schwache Allgemeinkontraktion feststellen. An Schnitten der Zwiebelmitte tritt bei dieser Lösung 50 bis 100% schwache, bei 0,4 Mol und 0,3 Mol als am schwächsten wirkende Konzentrationen zu 20 bis 70% sehr schwache Allgemeinkontraktion auf. Bei Versuchen mit Zellen der Basis tritt bei 0,4 Mol sogar ein starker Kontraktionsgrad in Erscheinung, schon die nächstschwächere Lösung zeigt ihn nur mehr schwach, während er bei 0,2 Mol und 0,1 Mol nur mehr sehr schwach ist. Konzentrationen darunter bewirken keine Allgemeinkontraktion mehr.

Dazu ein Übersichtsprotokoll.

Zeichenerklärung: $++$ = starke A. K.
$+$ = schwache A. K.
$+-$ = sehr schwache A. K.
P = Plasmolyse

Tabelle 4. Vakuolenkontraktion mit Ammonkarbonat.

Konzentration	Spitze	Mitte	Basis
	in Prozenten		
0,6 Mol	P	P	P
0,5 Mol	P u. 44 $+-$	43 $+$	P
		57 $+-$	
0,4 Mol	—	14 $+-$	50 $++$
			50 $+-$
0,3 Mol	—	4 $+-$	50 $+$
			50 $+-$
0,2 Mol	—	—	28 $+-$
0,1 Mol	—	—	24 $+-$
0,09 Mol	—	—	—

Bei den durch Vakuolenkontraktion ausgezeichneten Zellen beobachtete ich eine Eigenheit, wie ich sie bereits in ähnlicher Weise bei den Ammoniakversuchen beschrieben habe. Bei starker Allgemeinkontraktion, wie sie vorwiegend an Schnitten der Basis durch Behandlung mit 0,4 Mol Ammonkarbonat auftritt, kommt es an etwa 30 bis 70% aller Zellen zu einer Zweiteilung der Vakuole. Beide Teile sind ungleich groß, selten besitzen sie annähernd gleiches Ausmaß. Sie liegen auch in den wenigsten Fällen zentral, sondern rücken meist weit voneinander ab, so daß sie mehr den Zellenden genähert sind. Das gequollene Plasma, das den durch die

Kontraktion der Vakuole freiwerdenden Zellraum vollständig ausfüllt, zeigt, kurz nachdem die Systole eingetreten ist, ganz normales Verhalten. Erst innerhalb von fünf bis zehn Minuten entstehen darin kleine Plasmavakuolen. Zuerst sind sie ganz klein, werden aber nach 10 bis 13 Minuten schnell größer. Sie erreichen jedoch im Extremfall niemals mehr als $^1/_{20}$ vom Ausmaß einer großen Vakuole. Auch ihre Anzahl im Plasmateil vermehrt sich, je weiter die Zeit fortgeschritten ist. Sind es anfänglich meist nur zwei oder drei, selten vier, so konnte ich bei Beginn der Wiederausdehnung der Vakuole meist fünf bis sieben Plasmavakuolen feststellen. Interessant ist, daß bei jenen Zellen, die innerhalb von 20 Minuten dieses

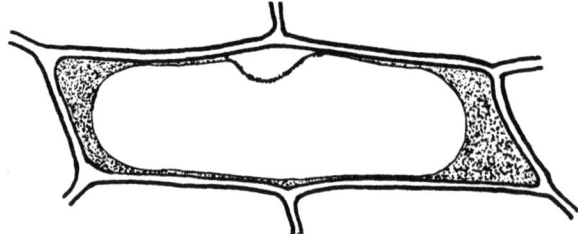

Abb. 9. Vakuolenkontraktion nach Behandlung mit **Ammonkarbonat**. Deformierung des Kernes.

Verhalten nicht zeigten, auch innerhalb von 1 bis $1^1/_2$ Stunden, wenn sie noch lebensfähig waren, solche Gebilde nicht mehr im Plasma entstehen ließen. Scheinbar ist diese Erscheinung ein leicht nekrotisches Stadium, da, trotzdem bei der Hälfte dieser Zellen Diastole erfolgt, der Kern beim Auftreten der Plasmavakuolen aufquillt und sich meist stahlhelmartig von einer Seite zur Mitte der Zelle zu abzeichnet (Abb. 9). Bei Zellen mit schwacher oder sehr schwacher Allgemeinkontraktion konnte ich eine Zweiteilung der Vakuole und das Auftreten von Plasmavakuolen nicht feststellen. Hier zeigte das Plasma stets eine normale gleichmäßige Aufquellung und erfüllte den von der Vakuole bei der Kontraktion freigegebenen Zellraum vollständig.

Reversibilitätsversuche.

Dazu verwendete ich ebenfalls Schnitte des unteren Poles, bei denen durch Behandlung mit 0,4 Mol der Lösung starke Allgemeinkontraktion aufgetreten war. Vier Minuten nach der Infiltration beginnt sich der Zellsaftraum bereits zu verkleinern und erreicht meist sechs Minuten später seinen größtmöglichen Kontraktionsgrad. Nach einer kurzen Ruheperiode von nur wenigen Minuten

Auslösung von Vakuolenkontraktion durch undissoziierte Basen. 667

folgt eine meist langsam beginnende, dann jedoch schneller werdende Diastole innerhalb eines Zeitraumes von 25 bis 30 Minuten. Soweit das allgemeine Schema. Eine neuerliche Systole konnte ich an keiner einzigen Zelle, deren Vakuole entquollen war, feststellen. Die Zellen ließen sich mit 1,0 Mol Trz. ohne weiteres plasmolysieren, soweit es sich nicht um Zellen gehandelt hat, die Plasmavakuolen enthielten. Wenn nur die Vakuolen zweigeteilt waren, das Plasma jedoch normal war, so dehnten sich beide Teile ebenfalls aus, vereinigten sich aber nicht miteinander, sondern dadurch, daß beide ihr größtmögliches Volumen anstrebten, wurden sie fest aneinandergepreßt, und ihre noch sichtbaren Trennungslinien standen senkrecht zur Längsrichtung der Zellen (siehe Ammoniak). Zellen, die im gequollenen Plasma Plasmavakuolen enthielten, starben meistens während der Diastole ab. Kommt es dennoch vor, daß sich die Vakuolen vollständig wiederherstellen, so verlagern sich während der Entquellung des Plasmas die Plasmavakuolen in eine Zellecke — manchmal können sie miteinander verschmelzen und bilden dann ein oder zwei größere Vakuolen — nehmen auch eckige Konturen an und verhindern so eine weitere Ausdehnung des großen Zellsaftraumes. Legt man Schnitte mit solchen Zellen nach erfolgter Diastole in 1,0 Mol Trz. ein, so erhält man meist eine Krampfplasmolyse, die erst nach 20 bis 25 Minuten in konvexe Vakuolenrundung übergeht. Zum allgemeinen Schema von Systole und Diastole zwei Protokolle mit den Kurven.

Protokoll 7, ad Kurve 7.

Schnitt eingelegt und infiltriert: $17^h 05'$ Lz = Lv: 96 Tstr.
1. Messung: $17^h 10'$ . . . . Lv: 94 „
2. „ $17^h 15'$ . . . . Lv: 91 „
3. „ $17^h 17'$ . . . . Lv: 91 „
4. „ $17^h 28'$ . . . . Lv: 93 „
5. „ $17^h 32'$ . . . . Lv: 94 „
6. „ $17^h 35'$ . . . . Lv: 95 „
7. „ $17^h 40'$ . . . . Lv: 96 „

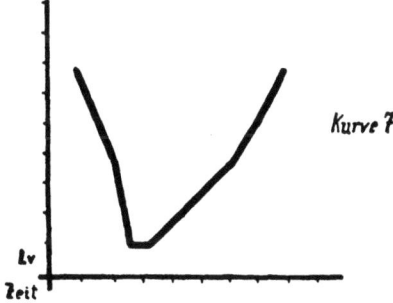

Protokoll 8, ad Kurve 8.

Schnitt eingelegt und infiltriert: 18ʰ 10′ Lz = Lv: 57 Tstr.

1. Messung: 18ʰ 16′ . . . . Lv: 57 „
2. „ 18ʰ 19′ . . . . Lv: 53 „
3. „ 18ʰ 23′ . . . . Lv: 53 „
4. „ 18ʰ 31′ . . . . Lv: 55 „
5. „ 18ʰ 37′ . . . . Lv: 56 „
6. „ 18ʰ 42′ . . . . Lv: 56 „
7. „ 18ʰ 45′ . . . . Lv: 57 „

5. Versuche mit Ammonsulfat $(NH_4)_2SO_4$.

Ammonsulfat ist das Salz einer schwachen Base und einer starken Säure, daher ist in der Lösung kaum freies NH_3 zu erwarten.

Werden Schnitte der Zwiebelinnenepidermis aller drei Regionen nach der gebräuchlichen Methode mit Ammonsulfat behandelt, so tritt in keinem Fall eine Vakuolenkontraktion auf. Die Zellen, die in stärkere Konzentrationen eingelegt wurden (0,5 bis 0,2 Mol) zeigen meist eine Abhebung des Tonoplasten von der Zellwand in einer sehr verkrampften malachitartigen Form. Das Plasma liegt dann koaguliert der Vakuole an. Eine Lebensreaktion mit 1,0 Mol Trz. fällt in solchen Fällen negativ aus. Läßt man hingegen schwächer konzentrierte Lösungen (also unter 0,2 Mol) auf die Zellen einwirken, so weisen die unkontrahiert gebliebenen Zellen vollständig normales Verhalten auf. Bei Behandlung mit 1,0 Mol Trz. plasmolysieren sie fast alle.

6. Versuche mit sek. Ammonphosphat $(NH_4)_2HPO_4$.

Das sekundäre Ammonphosphat, das Salz einer schwachen Base (NH_3) und einer mittelstarken Säure (H_3PO_4) besitzt in einmolarer wässeriger Lösung einen p_H-Wert von 7,34 (gemessen mit Glaselektrode und Lautenschläger-Ionometer). In der Lösung ist ein bestimmter kleiner Anteil von freiem Ammoniak zu erwarten, daneben kommen die Ionen NH_4^+, HPO_4^{--} und $H_2PO_4^-$ vor.

Auslösung von Vakuolenkontraktion durch undissoziierte Basen. 669

Dieses Salz wirkt bei starker Konzentration, z. B. in einer einmolaren Lösung, auf die Zellen anfänglich rasch plasmolysierend. Jedoch hält der Zustand einer schönen konvexen Abrundung nicht lange an. Es tritt im Laufe der Vakuolenverkleinerung eine Zwei- und Dreiteilung letzterer ein. Stets sind eine größere und ein oder seltener auch zwei kleinere Teilvakuolen vorhanden. Das nicht gequollene Plasma liegt den Zellsafträumen wie bei einer normalen Plasmolyse an, die, je nachdem ob die Vakuolen nahe aneinander liegen oder weiter entfernt sind, breiter oder bis fadenförmig dünn werden können. Bei einzelnen Zellen tritt auch eine sternförmige Ausstrahlung der Plasmafäden von der oder den Vakuolen zur

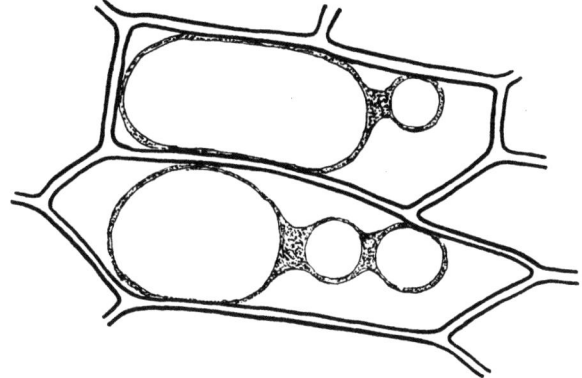

Abb. 10. Plasmolyse durch sek. Ammonphosphat.

Membran hin auf (Abb. 10, 11, 12). Ob es sich dabei um Hechtsche Fäden handelt, sei dahingestellt.

Die Allgemeinkontraktion tritt in der Regel erst bei wesentlich geringeren Konzentrationen auf. So beobachtete ich sie bei Schnitten der Basis erst bei einer Lösung von 0,09 Mol. Den sehr schwachen, selten schwachen Kontraktionsgrad findet man an keinem Schnitt zu 100% auftreten. Meist ist nur die Mitte der Schnitte durch unkontrahierte Zellen ausgezeichnet. Geringere Konzentrationen bleiben wirkungslos.

Bei Zellen der Mitte und der Spitze zeigt sich bei gleichen Lösungen wie bei den vorher beschriebenen Versuchen ähnliches Verhalten. An den Wundrändern finden sich noch Zellbezirke, die sehr schwache Allgemeinkontraktion aufweisen. Dabei sind nur gerade die Ecken im Zellumen von der Vakuole freigegeben und von normal gequollenem Plasma erfüllt. Ein stärkerer Kontraktionsgrad tritt jedoch nicht mehr auf. Eine 100%ige Allgemeinkontraktion bleibt auch bei ein- bis eineinhalbstündiger Behandlungsdauer aus. Geringere Konzentrationen sind hier ebenfalls nicht wirksam.

Reversibilitätsversuche sind insofern nicht leicht möglich, als es wegen der geringen Abhebungstendenz nicht möglich ist, eine Mikrometermessung durchzuführen. So begnügte ich mich damit,

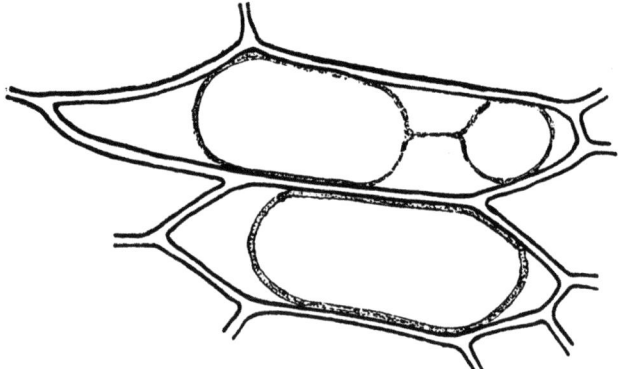

Abb. 11. Plasmolyse durch sek. Ammonphosphat.

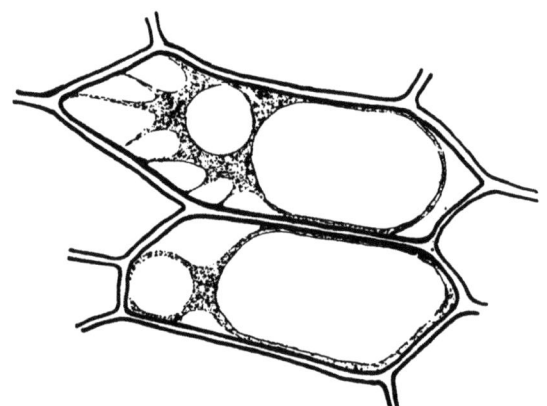

Abb. 12. Plasmolyse durch sek. Ammonphosphat.

die Rückgangsgeschwindigkeit rein zeitlich zu messen. Die Dauer der Diastole ist sehr verschieden. Die stärker kontrahierten Zellen brauchen selten länger als 50 bis 60 Minuten zur vollständigen Ausdehnung. Hingegen zeichnen sich solche mit sehr schwacher Allgemeinkontraktion durch längere Beständigkeit des Kontraktionsstadiums aus. An den Wundrändern erfolgt Diastole meist innerhalb von 80 bis 90 Minuten. Selten auftretende Allgemeinkontraktion in den Innenbezirken der Schnitte dauert zwei Stunden lang und manchmal auch länger an.

7. Versuche mit Natriumkarbonat (Na_2CO_3).

Dieses Salz wird in wässeriger Lösung hydrolytisch gespalten und reagiert dadurch alkalisch. So beträgt der p_H-Wert einer 0,1 molaren Lösung bei Zimmertemperatur bereits p_H 11,1 bis 11,2 (der Wert wurde aus einer Tabelle ermittelt).

Ich untersuchte pro Zwiebelabschnitt je zehn Schnitte der Innenepidermis und konnte folgendes feststellen. Allgemein tritt bis zu Konzentrationen von 0,08 Mol Schädigung der Zellen ein. Erst bei einer Lösung unter dieser Konzentration bleiben sie am Leben, was durch Plasmolyse mit 1,0 Mol Trz. bewiesen werden konnte, sie zeigen jedoch n i r g e n d s eine Allgemeinkontraktion der Vakuole.

8. Versuche mit Kaliumkarbonat (K_2CO_3).

Dieses Salz wird analog zu Soda ebenfalls hydrolytisch gespalten. Auch die Reaktion des Stoffes auf die Zwiebelzellen zeigt ganz ähnliches Verhalten. So tritt noch eine Schädigung bis zu einer Konzentration von 0,09 Mol ein. Das Plasma macht einen erstarrten, koagulierten Eindruck. Bei Behandlung mit 1,0 Mol Trz. bleibt eine Plasmolyse aus. Dabei konnte ich Formen beobachten, die wohl eine leichte Schrumpfung der Vakuole zeigten, wobei jedoch letztere die Gestalt der Zelle beibehält. Das nekrotische Plasma war koaguliert und in kleinen Klümpchen dichtgedrängt um die Vakuole gelagert.

Erst unterhalb von 0,09 Mol blieben die Zellen normal erhalten. Bei einzelnen trat noch manchmal eine wabige Struktur des Plasmas zutage, das jedoch mit zunehmender Verdünnung der Lösung allmählich verschwand. Die Zellen zeigten normale Lebensreaktion, jedoch i n k e i n e m F a l l eine Vakuolenkontraktion.

9. und 10. Versuche mit Kalilauge (KOH) und Natronlauge (NaOH).

Beide Basen, die in wässeriger Lösung in OH^-- und Na^+- bzw. in K^+-Ionen dissoziieren können, sind durch ein sehr hohes p_H ausgezeichnet. Der Wert einer $\frac{n}{10}$-Lösung liegt etwa um p_H 13.

Mit dieser Lösung erreicht man i n k e i n e m S c h n i t t der drei verschiedenen Zwiebelregionen eine Allgemeinkontraktion.

Die Zellen zeigen in den meisten Fällen nachher mit 1,0 Mol Trz. noch eine schöne Plasmolyse. $\frac{n}{100}$-Lösungen, deren p_H-Wert um eine Stufe niederer liegt, zeigen im allgemeinen ähnliches Verhalten. Auch hier zeigt sich bei den lebenden Zellen im Schnitt n i r g e n d s eine Vakuolenkontraktion.

Auch nach 1 bis 1½ Stunden waren die meisten Zellen noch lebensfähig, zeigten jedoch n i r g e n d s Allgemein- oder Spontankontraktion. Nach etwa 2 Stunden trat bereits überall der Alkalitod ein (S c h i n d l e r 1938).

11. Versuche mit Pyridin.

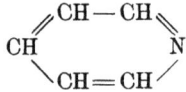

Die Dissoziationskonstante dieses Stoffes ($1,4 \times 10^{-7}$) ist im Verhältnis zu den Aminen (siehe daselbst) klein. Demnach liegt in wässeriger Lösung in geringem Ausmaß das Kation $C_5H_6N^+$ vor, das durch die Verbindung mit einem H^+-Ion des Wassers entstanden ist, während die freie Base in molekularer Form den dominierenden Anteil bildet. Der p_H-Wert ist schwach alkalisch. So konnte ich an einer 0,5 molaren Lösung ein p_H von 8,2 messen (mit Glaselektrode und Lautenschläger-Ionometer).

Werden Schnitte der Zwiebelinnenepidermis in eine 1,0 molare Lösung eingelegt, so kommt es in den meisten Fällen zur Ausbildung einer schwachen bis starken Allgemeinkontraktion. Das Plasma zeigt lebhafte BMB, und bei manchen Zellen vermag sich die Vakuole in zwei, ja manchmal in drei Teile zu teilen. Jedoch bereits nach zwei bis drei Minuten bemerkt man, daß Zellen nekrotisch zu werden beginnen, wobei vor allem auch die Kerne sehr stark aufquellen. Ich legte die Schnitte 20 Minuten in 1,0 Mol Trz. und erhielt nach dieser Zeit keine einzige intakte Plasmolyse. Die Vakuolen waren ganz verkrampft, manchmal auch ähnlich einer Konvexplasmolyse eingebuchtet und eingeschnürt, das stark koagulierte Plasma lag in größeren oder kleineren Klumpen um die Vakuole herum. Bei stärker verdünnten Lösungen zeigt sich anfänglich ein ganz ähnliches Bild, wobei gleich vorweggenommen werden muß, daß die Zellen der drei Zwiebelregionen, also Spitze, Mitte und Basis, fast gleiches Verhalten diesem Stoff gegenüber zeigten und die Unterschiede so gering sind, daß es von keiner Bedeutung ist, sie genauer anzuführen.

Eine Lösung von 0,5 Mol bewirkt in den meisten Schnitten eine 100%ige schwache Allgemeinkontraktion, die ebenfalls nach kurzer Zeit (5 Minuten) in ein Nekrosestadium übergeht. Die Kerne sind wiederum stark gequollen. Bei Zellen, die kurz nach der Behandlung mit der Lösung noch normal kontrahiertes Aussehen hatten, führte eine Behandlung mit 1,0 Mol Trz. entweder zu keiner Plasmolyse, oder es war in den meisten Fällen die Vakuole konkav eingebuchtet, das Plasma jedoch weitgehend koaguliert. Schnitte, die in 0,4 Mol des Stoffes eingelegt worden waren, zeigten nicht mehr alle die 100%ige Allgemeinkontraktion. Meist sind die Schnittmitten benachteiligt. Sonst tritt das gleiche Verhalten wie bei Behandlung mit Lösungen von 0,5 Mol ein. Nach Einlegen der Schnitte in 0,3 Mol beobachtete ich zum Großteil nur mehr eine sehr schwache Allgemeinkontraktion. Der Eintritt erfolgt nicht mehr hundertprozentig. Nach etwa 10 Minuten nimmt das Plasma wabige koagulierte Struktur an, der Kern wird groß und erscheint aufgequollen. Plasmolyse mit 1,0 Mol Trz. tritt dann nirgends auf, auch dann nicht, wenn die Zellen mit kontrahierten Vakuolen kurz nach der Behandlung mit der Lösung noch lebendig erscheinen. 0,2 Mol und 0,1 Mol wirken ähnlich.

Erst 0,09 Mol bewirkt eine normale, jedoch in den wenigsten Schnitten zu 100% auftretende sehr schwache Allgemeinkontraktion. Die Zellen bleiben in der Regel bis zu einer Stunde kontrahiert. Eine Lebensreaktion mit 1,0 Mol Trz. fällt in jedem Falle positiv aus. Dies ist die einzige Konzentrationsstufe, die noch den Eintritt der Allgemeinkontraktion zeigt und die Zellen längere Zeit ungeschädigt erhält. Lösungen mit niederer Konzentration als 0,09 Mol bleiben völlig unwirksam.

Bei der Messung der Reversibilität der sehr schwach kontrahierten Zellen konnte ich die Ausdehnung nicht messend verfolgen, da der Kontraktionsgrad zu gering war. Ich mußte mich auf die rein zeitliche Beobachtung beschränken. Der Eintritt der Kontraktion erfolgt innerhalb von zwei bis drei Minuten. Die Ruheperiode dauert meist sehr lang. Erst nach 1 bis $1^1/_2$, selten 2 Stunden erfolgte dann eine vollständige Rückdehnung der Vakuole innerhalb kurzer Zeit. Solche Schnitte, in 1,0 Mol Trz. 20 Minuten lang eingelegt, lassen bei 70% aller Zellen noch normale konvexe Plasmolyse erkennen.

12. Versuche mit Methylamin (CH_3NH_2).

Methylamin, eine sehr tief siedende Flüssigkeit, ist in Wasser leicht löslich. Die Dissoziationskonstante ist bei diesem Stoff relativ groß, sie beträgt 5×10^{-2}. Demnach enthält die Lösung mengenmäßig diesem Wert entsprechend neben den freien Basenmolekülen (CH_3NH_2) auch Kationen ($CH_3NH_3^+$). Der p_H-Wert liegt ebenfalls weit in den basischen Bereich verschoben. Für eine einmolare Lösung läßt sich ein p_H-Wert von etwa 13 berechnen.

Methylamin wirkt sehr stark giftig. Lösungen über 0,05 bis 0,06 Mol töten nach kurzer Zeit. Auch schwächere Lösungen bis zu 0,01 Mol hinunter wirken stark schädigend. An Schnitten aus der Basis wurde von 0,05 Mol bis 0,005 Mol Allgemeinkontraktion verschiedener Grade beobachtet, bei Schnitten aus der Zwiebelmitte bis 0,07 Mol, bei Schnitten aus der Spitze bis 0,009 Mol. Im folgenden wird der Auszug aus einem Versuchsprotokoll, das sich auf Schnitte aus der Basis der Zwiebel bezieht, wiedergegeben.

0,05 Mol: 70 bis 100%ige starke, manchmal auch schwache Allgemeinkontraktion. Manche Zellen erhalten kleine Vakuolen im Plasma. Vereinzelt tritt auch Zweiteilung der Vakuolen auf. Die BMB ist sehr lebhaft. Nach zehn bis zwölf Minuten beginnt das Plasma zu koagulieren. Die Tonoplasten bleiben in normal abgerundeter Form, um die sich dann das koagulierte Plasma gruppiert. Behandelt man Zellen mit Allgemeinkontraktion mit 1,0 Mol Trz., so erhält man keine Plasmolyse. Die Vakuolen sind verkrampft und das Plasma stark geschädigt.

0,04 Mol: Schwache 100%ige Allgemeinkontraktion. Einzelne Zellen mit kleinen Teilvakuolen im Plasma, lebhafte BMB, Kerne bei den Zellen vereinzelter Schnitte sehr groß. Nach 10 bis 12 Minuten Beginn einer Nekrose, nach weiteren 7 bis 10 Minuten fast alle Zellen tot. Keine normale Plasmolyse.

0,03 Mol: 70 bis 100% schwache Allgemeinkontraktion, teilweise tritt sie nur mehr sehr schwach auf. Im Plasma lebhafte BMB, sichtbare Schädigung der Zellen erst nach 20 bis 24 Minuten. In Trz. zuerst leichte Verkleinerung der kontrahierten Vakuole, das Plasma koaguliert erst nach 3 bis 5 Minuten.

0,02 Mol: 100%ige schwache bis sehr schwache Allgemeinkontraktion. Das Plasma zeigt lebhafte BMB; in 25 Minuten sind bereits 40% der Zellen nekrotisch, nach weiteren 10 Minuten ist der ganze Schnitt abgestorben. In Trz. zeigt sich leichte Verkleinerung der Vakuole, das Plasma bildet wie bei einer Kappenplasmolyse schön gequollene Kappen.

0,01 Mol: 50 bis 100%ige sehr schwache Allgemeinkontraktion, an den Wundrändern etwas stärker, teilweise kleine Vakuolen in den vom Plasma erfüllten Ecken. Die Plasmolyse verläuft noch nicht ganz normal, zwar kontrahiert sich der Zellsaftraum, doch das Plasma koaguliert bald.

0,009 Mol: 70%ige, bei wenigen Schnitten 100%ige sehr schwache Allgemeinkontraktion, an den Wundrändern etwas stärker. Auch nach zwei Stunden keine Nekrosestadien mehr erkennbar. Plasmolyse tritt normal ein.

0,008 Mol: 50 bis 100%ige Allgemeinkontraktion. Zustand der Zellen wie bei 0,009 Mol. In einem Schnitt konnte ich 30% unkontrahierte, etwas nekrotische Zellen beobachten. Bei Durchsaugen von 1,0 Mol Trz. blieben diese Zellen vollkommen unplasmolysiert, während die anderen normal plasmolysiert waren.

0,007 Mol: 70 bis 100%ige sehr schwache Allgemeinkontraktion. Verhalten an den Schnitträndern wie oben. Auch sonst wie bei 0,008 Mol. Plasmolyse positiv.

Tabelle 5. Vakuolenkontraktion mit Methylamin.

Kontraktion	Spitze	Mitte	Basis
	in Prozenten		
0,05 Mol	45 + + 55 +	45 + + 55 +	100 + +
0,04 Mol	68 +	50 + + 50 +	64 + +
0,03 Mol	40 +	55 + + 45 +	57 + + 43 +
0,02 Mol	80 + −	96 +	45 + + 55 +
0,01 Mol	20 + −	50 + 50 + −	80 +
0,009 Mol	34 + −	96 + −	70 + 30 + −
0,008 Mol	—	84 + −	80 + −
0,007 Mol	—	22 + −	50 + −
0,006 Mol	—	—	78 + −
0,005 Mol	—	—	54 + −
0,004 Mol	—	—	—

Zeichenerklärung: + + = starke Allgemeinkontraktion
    + = schwache Allgemeinkontraktion
    + − = sehr schwache Allgemeinkontraktion

0,006 Mol: 50%ige, selten 100%ige sehr schwache Allgemeinkontraktion. Verhalten der Zellen und Schnitte wie bei 0,008 Mol. Keine toten Zellen in den Schnitten. Plasmolyse normal.

0,005 Mol: Etwa 40% sehr schwache Allgemeinkontraktion. Die Zellen erscheinen überall normal. Plasmolyse zeigen sowohl die kontrahierten als auch die unkontrahierten Zellen.

0,004 Mol: Es tritt keine Vakuolenkontraktion mehr ein.

Anschließend sei noch eine Zusammenfassung der drei Versuchsabschnitte in Form eines Protokolls gegeben.

Reversibilitätsversuche.

Zur Beobachtung der Diastole muß eine Lösung verwendet werden, die zwar schöne Allgemeinkontraktion hervorruft, jedoch möglichst wenig schädigend wirkt. Am besten eignet sich in diesem Fall eine 0,008 molare Lösung. Die Angaben beziehen sich auf Schnitte aus der Zwiebelmitte.

In den meisten Fällen bedarf es 10 bis 20 Minuten, bis die Allgemeinkontraktion von den Schnitträndern her fortschreitend eintritt. Meist wird damit bereits die größtmögliche Verkleinerung der Vakuole erreicht, und es schließt sich nun eine 15 bis 60 Minuten lange Ruheperiode an, die aber in vereinzelten Fällen auch durch eine langsam fortschreitende Ausdehnung der Vakuole ersetzt sein kann. Nach diesem Zeitabschnitt beginnt die Vakuole mit der Diastole und erreicht in 20 bis 70 Minuten ihre ursprüngliche Ge-

Hierzu drei Protokolle mit den Kurven. Kurve 11 stellt das Verhalten der letztbeschriebenen Zelle dar.

Protokoll 9, ad Kurve 9.

Schnitt eingelegt und infiltriert: $14^h\,28'$ Lz = Lv: 59 Tstr.

1. Messung:	$14^h\,34'$	. . . .	Lv: 52	„
2. „	$14^h\,50'$	. . . .	Lv: 52	„
3. „	$15^h\,05'$	. . . .	Lv: 53	„
4. „	$15^h\,32'$	. . . .	Lv: 55	„
5. „	$15^h\,49'$	. . . .	Lv: 57	„
6. „	$15^h\,58'$	. . . .	Lv: 59	„

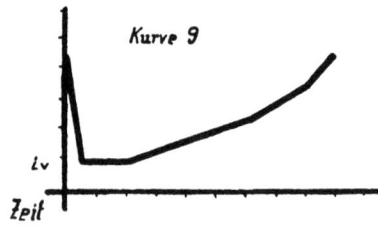

Protokoll 10, ad Kurve 10.

Schnitt eingelegt und infiltriert: 14ʰ 28′ Lz = Lv: 57 Tstr.

1. Messung: 14ʰ 34 . . . . Lv: 53 „
2.   „   14ʰ 50′ . . . . Lv: 53 „
3.   „   15ʰ 05′ . . . . Lv: 53 „
4.   „   15ʰ 32′ . . . . Lv: 53 „
5.   „   15ʰ 49′ . . . . Lv: 55 „
6.   „   15ʰ 58′ . . . . Lv: 56 „
7.   „   16ʰ 01′ . . . . Lv: 57 „

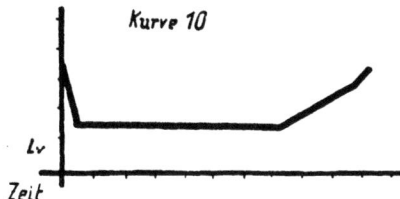

Kurve 10

Protokoll 11, ad Kurve 11.

Schnitt eingelegt und infiltriert: 9ʰ 15′ Lz = Lv: 85 Tstr.

1. Messung: 9ʰ 22′ . . . . Lv: 69 „
2.   „   9ʰ 34′ . . . . Lv: 69 „
3.   „   9ʰ 47′ . . . . Lv: 68 „
4.   „   9ʰ 59′ . . . . Lv: 71 „
5.   „   10ʰ 10′ . . . . Lv: 71 „
6.   „   10ʰ 17′ . . . . Lv: 72 „
7.   „   10ʰ 26′ . . . . Lv: 68 „
8.   „   10ʰ 29′ . . . . Lv: tot.

Zeichenerklärung: Lz = Länge der Zelle
Lv = Länge der Vakuole
Tstr. = Teilstrich(e) im Okularmikrometer.

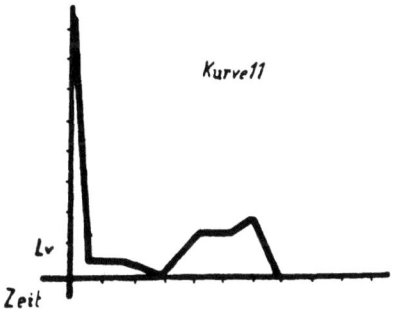

Kurve 11

stalt wieder, falls sie nicht vorher abstirbt, was bei etwa 30% aller Zellen vorkommt. Dabei ist noch zu bemerken, daß die Vakuole um so länger zur Ausdehnung braucht, je kürzer die Ruheperiode ist, während Zellen mit langer Ruheperiode durch eine relativ rasche Diastole ausgezeichnet sind. Eine neuerliche Systole einer bereits in Ausdehnung begriffenen Vakuole konnte ich nur an einer Zelle beobachten. Sie war von den übrigen am stärksten kontrahiert. Innerhalb von acht Minuten sank die Länge ihres Zellsaftraumes von 85 auf 69 Teilstriche, das sind etwa 81%. Darauf folgte eine Ruheperiode von 12 Minuten. Nach weiteren 13 Minuten hatte sich die Vakuole um einen weiteren Teilstrich verkleinert und begann sich nun langsam auszudehnen. Als nach 30 Minuten bereits 85% der Zelle vom Zellsaftraum eingenommen waren, erfolgte eine neuerliche Systole, die nach 9 Minuten mit dem Absterben der Zelle endete.

13. Versuche mit Dimethylamin $(CH_3)_2NH$.

Dimethylamin hat ähnliche Eigenschaften wie Methylamin, sein Basencharakter ist jedoch wesentlich schwächer. So erhält man für eine 1,0 molare Lösung einen p_H-Wert von etwa 12. Die Dissoziationskonstante liegt bei $7,4 \times 10^{-7}$.

Dimethylamin ist allgemein schwächer wirksam als Methylamin. Bei Konzentrationen über 0,06 Mol tritt aber auch hier keine Vakuolenkontraktion auf, die Zellen werden vielmehr so geschädigt, daß sie augenblicklich mit Platzen der Vakuole reagieren. Erst 0,05 Mol bewirkt in sämtlichen drei Zwiebelregionen für kurze Zeit sichtbare starke bis schwache Allgemeinkontraktion, die Zellen werden jedoch bereits nach fünf bis zehn Minuten nekrotisch. Plasmolyse mit 1,0 Mol Trz. tritt nicht ein. Das Plasma ist koaguliert, die Vakuolen meist zerklüftet, eingebuchtet oder ganz geplatzt, die Kerne zeigen starke Quellung.

Mit zunehmender Verdünnung der Lösung nehmen sowohl die schädigende Wirkung des Reagens als auch die beobachteten Kontraktionsgrade ab. So wirkt 0,02 Mol auf Zellen aus der Basis noch deutlich schädigend (Plasmolyse führt zur Koagulation des Plasmas), erst in 0,01 Mol bleiben die Zellen längere Zeit am Leben und lassen sich plasmolysieren (zunächst konkav, dann konvex werdend). Zellen aus der Mitte und der Spitze der Zwiebel sind sowohl bezüglich der Giftwirkung des Reagens als auch bezüglich der Auslösung der Allgemeinkontraktion etwas weniger empfindlich. Die unterste Grenze des Kontraktionseintrittes liegt für Zellen aus der Basis bei 0,007 Mol, für Zellen aus der Mitte bei 0,008 Mol, für Zellen aus der Spitze bei 0,009 Mol Dimethylamin, also nicht mehr ganz so tief wie bei Methylamin. Es folgt nun ein Auszug aus einem Versuchsprotokoll, das sich auf Zellen der Basis bezieht.

0,05 Mol: 100%ige starke, teils schwache Allgemeinkontraktion. Zellsafträume bei etwa 30% der Zellen zweigeteilt. Im gequollenen Plasma viele kleine Teilvakuolen. BMB sehr lebhaft. Die Zellen sterben nach 5 bis 10 Minuten ab. Auch bei solchen, die noch nicht nekrotisch aussehen, keine Plasmolyse mit 1,0 Mol Trz. Das Plasma koaguliert, die Vakuolen teils zerklüftet, teils stark konkav eingebuchtet, teils geplatzt.

0,04 Mol: 100%ige schwache, selten stärkere Allgemeinkontraktion. Wenige Zellen mit zweigeteilten Vakuolen und Teilvakuolen im gequollenen Plasma. BMB sehr lebhaft. Absterben der Zellen erst nach 10 bis 12 Minuten. Das Plasma koaguliert, während die Vakuole meist krampfartige Formen annimmt. Wird, nachdem die Allgemeinkontraktion eingetreten ist, mit 1,0 Mol Trz. plasmolysiert, so kommt es zu ähnlichen Absterbeerscheinungen wie bei 0,05 Mol.

0,03 Mol: 100%ige schwache bis sehr schwache Allgemeinkontraktion. Keine Zweiteilung der Vakuolen, selten Teilvakuolen im Plasma. BMB sehr lebhaft. Absterben der Zellen nach 20 bis 25 Minuten. Plasmolyse mit 1,0 Mol Trz. bewirkt konkave Einbuchtung der Vakuolen, das Plasma ist koaguliert, der Kern gequollen. 50% aller Zellen zeigen keine Plasmolyse.

0,02 Mol: Ähnliches Verhalten wie bei 0,03 Mol. 80 bis 100%ige schwache bis sehr schwache Allgemeinkontraktion. Keine Zweiteilung der Vakuolen oder Auftreten von Teilvakuolen im Plasma, lebhafte BMB, Schädigung tritt erst nach 20 bis 28 Minuten ein. Bei Plasmolyse werden die Zellen nekrotisch, Kern meist gequollen, Plasma stark koaguliert, Zellsaftraum unförmig zerklüftet oder bei 50% aller Zellen konkav eingebuchtet. In letzterem Fall keine Schädigungssymptome im Plasma.

0,01 Mol: 100%ige schwache bis sehr schwache Allgemeinkontraktion. BMB sehr lebhaft, keine Teilvakuolen im Plasma. Zellen bleiben nach Plasmolyse über eine Stunde lebendig. 1,0 Mol Trz. bewirkt zu 70% konkave Vakuolenabhebung, wobei keine Schädigung zu beobachten ist. Nach 11 bis 15 Minuten erfolgt Eintritt der konvexen Plasmolyse.

0,009 Mol: 100%ige sehr schwache, selten schwache Allgemeinkontraktion. Keine Teilvakuolen im Plasma, lebhafte BMB. Plasmolyse zu 70% konkav, später konvex. Sonst wie bei 0,01 Mol.

0,008 Mol: 100%ige sehr schwache, selten schwache Allgemeinkontraktion. Verhalten wie bei 0,009 Mol. Plasmolyse tritt meist 70% konvex ein, der Rest plasmolysiert konkav.

0,007 Mol: 50 bis 70%ige sehr schwache Allgemeinkontraktion. Abhebung der Vakuolen kaum meßbar, BMB sehr lebhaft. Plasmolyseeintritt 50% konkav und 50% konvex, erstere wird nach 15 Minuten konvex.

0,006 Mol: Keine Vakuolenkontraktion. Plasmolyse mit 1,0 Mol Trz. normal konvex.

Es folgt eine Übersichtstabelle, die in vergleichender Weise die Wirksamkeit des Reagens auf die drei Zwiebelschnitte nebeneinanderstellt.

Tabelle 6. **Vakuolenkontraktion mit Dimethylamin.**

Konzentration	Spitze	Mitte	Basis
	in Prozenten		
0,05 Mol	60 + + 20 +	74 + +	60 + +
0,04 Mol	17 + + 51 +	63 + + 25 + −	64 + +
0,03 Mol	31 + 23 + −	20 + + 56 +	79 + 8 + −
0,02 Mol	70 + −	42 + 52 + −	28 + 42 + −
0,01 Mol	42 + −	56 + 26 + −	57 + 27 + −
0,009 Mol	10 + −	38 + 12 + −	20 + 80 + −
0,008 Mol	—	18 + −	80 + 20 + −
0,007 Mol	—	—	54 + −
0,006 Mol	—	—	—

Zeichenerklärung: + + = starke A. K.
+ = schwache A. K.
+ − = sehr schwache A. K.

Reversibilitätsversuche.

Ich verwendete zu diesen Versuchen eine 0,008 molare Lösung, die am unschädlichsten für die Zellen war und dennoch auch in manchen Zellen eine stärkere und daher meßbare Allgemeinkontraktion hervorrief. Zeichnet man hier Kurven des vollständigen Ganges der Systole und der Diastole, so ergibt sich ein ganz anderes Bild,

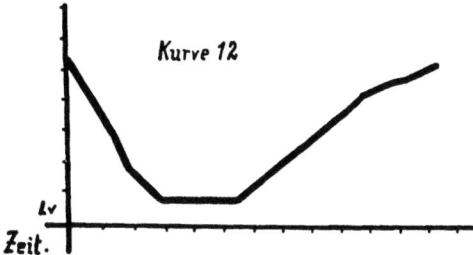

als es das Grundschema nach Keil (1930) aufweist (Kurve 12). Letzterer hatte die Diastole bei Außenepidermen von Allium cepa zum erstenmal beobachtet und die zeitliche Aufeinanderfolge der verschiedenen Vorgänge eingehend studiert. Nach seinen Beobachtungen erfolgt die Kontraktion in mehr oder minder kurzer Zeit, darauf folgt eine längere Ruheperiode, die in eine allmähliche Diastole übergeht, welche meist viel länger dauert als die Systole.

In meinen Versuchen mit Dimethylamin jedoch zeigten die Vakuolen in der Regel gerade das umgekehrte Verhalten. Einer rasch beginnenden und allmählich langsamer werdenden, 80 bis 100 Minuten dauernden Kontraktion der Vakuole, wobei in den ersten 30 bis 35 Minuten die Kontraktion stets schneller erfolgt als nachher, schließt sich in der Regel keine Ruheperiode an, sondern es kommt zu einer plötzlichen Diastole von 2 bis 13 Minuten. Die

Dazu drei Protokolle.

Protokoll 12, ad Kurve 13.

Schnitt eingelegt und infiltriert: $9^h\,00'$ Lz $=$ Lv : 152 Tstr.

1. Messung:	$9^h\,15'$	Lv : 149	,,
2. ,,	$9^h\,49'$	Lv : 149	,,
3. ,,	$10^h\,15'$	Lv : 148	,,
4. ,,	$10^h\,41'$	Lv : 147	,,
5. ,,	$10^h\,54'$	Lv : 151	,,
6. ,,	$10^h\,56'$	Lv : 152	,,

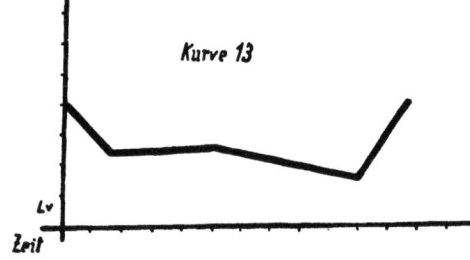

Protokoll 13, ad Kurve 14.

    Schnitt eingelegt und infiltriert: $9^h\,00'$ Lz = Lv: 144 Tstr.

1. Messung:	$9^h\,15'$	. . . .	Lv: 137	„
2.	„	$9^h\,50'$	Lv: 136	„
3.	„	$10^h\,15'$	Lv: 134	„
4.	„	$10^h\,41'$	Lv: 133	„
5.	„	$10^h\,54'$	Lv: 144	„

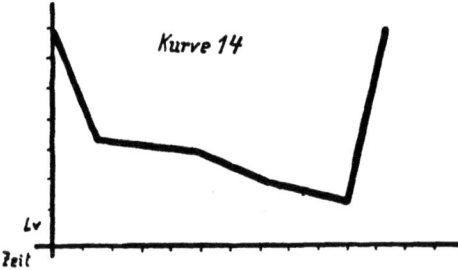

Protokoll 14, ad Kurve 15.

    Schnitt eingelegt und infiltriert: $9^h\,00'$ Lz = Lv: 127 Tstr.

1. Messung:	$9^h\,15'$	. . . .	Lv: 117	„
2.	„	$9^h\,50'$	Lv: 116	„
3.	„	$10^h\,15'$	Lv: 114	„
4.	„	$10^h\,41'$	Lv: 112	„
5.	„	$10^h\,54'$	Lv: 111	„
6.	„	$11^h\,07'$	Lv: 127	„

Zeichenerklärung: Lz = Länge der Zelle
                    Lv = Länge der Vakuole
                    Tstr. = Teilstrich(e) im Okularmikrometer.

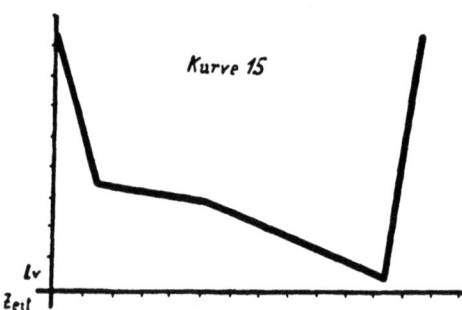

meisten Zellen sind nach dieser Entquellung ohne weiteres plasmolysierbar. Etwa 30% der kontrahierten Zellen sterben jedoch bereits während der Kontraktion oder während der Diastole ab. Eine neuerliche Systole konnte ich nirgends beobachten. Es sei hervorgehoben, daß das geschilderte Verhalten (rasche Diastole auf vorangegangener langsamer Systole) nur bei Behandlung mit Dimethylamin beobachtet werden konnte. In den anderen Reagenzien folgen die Zellen im allgemeinen dem Schema von K e i l (vgl. Kurve 1 bis 11 der vorliegenden Arbeit).

14. Versuche mit Trimethylamin $(CH_3)_3N$.

Trimethylamin ist eine intensiv nach faulen Fischen riechende Flüssigkeit und reagiert in wässeriger Lösung wie die beiden anderen Amine stark alkalisch. Seine Dissoziationskonstante liegt zwischen der des Mono- und des Dimethylamins ($7,4 \times 10^{-3}$).

Die Verbindung wirkt von den drei von mir untersuchten Aminen in bezug auf die Allgemeinkontraktion am schwächsten. Oberhalb 0,5 Mol werden die Zellen freilich auch hier sofort getötet. In Konzentrationen zwischen 0,5 und 0,1 Mol ist zwar zunächst meist starke Kontraktion zu beobachten, doch koaguliert das Plasma bereits nach 5 bis 7 Minuten. In den Lösungen von 0,1 bis 0,08 Mol bleiben die Zellen bis zu 2 Stunden, in 0,07 bis 0,03 Mol vier bis fünf Stunden am Leben. Der Zelltod wird hier durch allmähliches Verblassen der Vakuolenkontur sichtbar, jedoch bleibt eine deutliche Koagulation des Plasmas aus. Werden solche Zwiebelhäutchen, die mit den relativ unschädlichen Konzentrationen des Reagens behandelt worden waren, in 1,0 Mol Trz. gebracht, dann tritt zunächst allgemein konkave Plasmolyse ein, die sich bei den mit 0,09 und 0,08 Mol Trimethylamin behandelten Zellen in 17 bis 25 Minuten, bei den mit schwächeren Lösungen behandelten Zellen nach 5 bis 12 Minuten abrundet.

Mit der zunehmenden Verdünnung nehmen dann natürlich auch sowohl die Kontraktionsgrade als auch die Prozentzahlen der kontrahierten Zellen im Präparat kontinuierlich ab. Die untere Grenze für den Eintritt der Allgemeinkontraktion liegt bei Trimethylamin, seiner schwächeren Wirksamkeit entsprechend, noch beträchtlich höher als bei Dimethylamin, nämlich bei Zellen aus der Basis bei 0,03 Mol, bei Zellen aus der Mitte bei 0,05 Mol und bei Zellen aus der Spitze bei 0,07 Mol.

Besonders interessant ist, daß die durch Trimethylamin hervorgerufene Allgemeinkontraktion nicht reversibel zu sein scheint. Mir ist es in keinem Falle gelungen, eine Diastole zu beobachten. Die Kontraktion bleibt hier vielmehr bis zum Absterben der Zellen erhalten. Vielleicht hängt damit die Tatsache zusammen, daß die Plasmolyseform kontrahierter Zellen allgemein konkav und ihre

Rundungszeit sehr lang ist. Dies deutet nach Weber (1924) auf eine Viskositätserhöhung des Plasmas hin, die hier, wo es sich ja um mehr oder weniger gequollenes Plasma handelt, besonders merkwürdig und schwer erklärbar erscheint.

Zu den Versuchen soll eine Tabelle in übersichtlicher Form die Wirkung der einzelnen Lösungen von Trimethylamin, nach den Abschnitten der Zwiebel geordnet, in vergleichender Weise gegenüberstellen.

Tabelle 7. Vakuolenkontraktion mit Trimethylamin.

Konzentration	Spitze	Mitte	Basis
	in Prozenten		
0,1 Mol	58 + +	58 + +	63 + +
		22 +	25 +
0,09 Mol	70 + +	15 + +	45 + +
	16 +	69 +	27 +
0,08 Mol	32 + −	47 +	27 + +
		27 + −	47 +
0,07 Mol	20 + −	60 + −	63 +
			25 + −
0,06 Mol	—	32 + −	63 +
			25 + −
0,05 Mol	—	4 + −	32 +
			20 + −
0,04 Mol	—	—	38 + −
0,03 Mol	—	—	14 + −
0,02 Mol	—	—	—

Zeichenerklärung: + + = starke A. K.
+ = schwache A. K.
+ − = sehr schwache A. K.

Zusammenfassung.

1. Die Versuche, mit Hilfe verschiedener Reagenzien an den Innenepidermen von *Allium-cepa*-Zwiebeln „Allgemeinkontraktion" der Vakuolen im Sinne von Höfler (1947b) auszulösen, hatten folgendes Ergebnis: Beide untersuchten Vitalfarbstoffe,

Neutralrot und Vesuvin, sind beim angewandten p_H 7,1 in weitem Konzentrationsbereich wirksam und unschädlich. Der Grad der Kontraktion geht hier parallel mit dem Grad der Farbstoffspeicherung in den Vakuolen.

Von den angewandten farblosen Stoffen ist vor allem A m m o n i a k bei entsprechender Verdünnung (zwischen 0,5 und 0,05 Mol) gut wirksam und relativ unschädlich. A m m o n k a r b o n a t ist ebenfalls wenig schädigend, wirkt aber schwächer. Ammonsulfat ist völlig, Ammonphosphat nahezu unwirksam.

Auf Grund der Beobachtung, daß die alkalisch reagierenden Substanzen Ammoniak und Ammonkarbonat Allgemeinkontraktion auszulösen vermochten, wurde noch eine Reihe von anderen Stoffen, die die gleiche Eigenschaft besitzen, zu den Versuchen herangezogen. Von diesen erwiesen sich aber Kalium- und Natriumkarbonat sowie Kali- und Natronlauge als völlig unwirksam. Hingegen sind einige o r g a n i s c h e B a s e n hervorragend geeignet zur Auslösung von Allgemeinkontraktion. Sie wirken, soweit sie von mir untersucht wurden, sämtlich stärker als Ammoniak, sind aber für den Lebenszustand der Zellen wesentlich schädlicher als dieser. So kommt es, daß in Lösungen dieser Basen schon bei weitaus niedrigeren Konzentrationen als bei Ammoniak Allgemeinkontraktion auftritt, daß jedoch schon in Konzentrationen, in denen Ammoniak noch relativ unschädlich ist, starke Zellschädigungen und Nekrosen zu beobachten sind. In der Reihe Methylamin, Dimethylamin, Trimethylamin nimmt sowohl die Giftigkeit als auch die Wirksamkeit bezüglich Auslösung von Allgemeinkontraktion ab, erstere jedoch schneller als letztere, so daß mit Dimethylamin und Trimethylamin in geeigneten Konzentrationsstufen die Herbeiführung von Allgemeinkontraktion unter vitalen Bedingungen durchführbar ist (bei Dimethylamin etwa 0,05 bis 0,008 Mol, bei Trimethylamin etwa 0,1 bis 0,05 Mol). Pyridin ist nicht sehr schädlich, aber auch nicht besonders wirksam.

2. Die Ergebnisse zeigen deutlich, daß innerhalb der untersuchten Substanzen n i c h t d i e a l k a l i s c h e R e a k t i o n ihrer Lösungen für die Auslösung von Vakuolenkontraktion ausschlaggebend ist. Sonst müßten ja die Karbonate und Hydroxyde der Alkalimetalle stark wirksam sein, was nicht der Fall ist. Die anderen untersuchten Basen (Ammoniak und die organischen Basen) liegen in wässeriger Lösung zum Teil als Ionen, zum Teil als undissoziierte Moleküle vor. Es ist leicht zu entscheiden, welcher von diesen beiden Zuständen für die Auslösung von Vakuolenkontraktion von Bedeutung ist. Salze des Ammoniak mit starken Säuren (Sulfat und Phosphat), bei denen in wässeriger Lösung

praktisch nur Ammoniumionen vorliegen, sind unwirksam. Ammonkarbonat, ein in wässeriger Lösung weitgehend hydrolytisch gespaltenes Salz, vermag die Vakuolenkontraktion auszulösen. Lösungen der freien Basen selbst jedoch, die reichliche Mengen von undissoziierten Molekülen enthalten, sind am stärksten wirksam. Zweifellos lösen also die **undissoziierten Basenmoleküle** selbst, die ja auf Grund ihrer Lipoidlöslichkeit leicht in das Plasma und durch dieses hindurch in die Vakuole eindringen können, die Allgemeinkontraktion der Vakuolen aus. Bekanntlich befinden sich auch die beiden untersuchten Vitalfarbstoffe — Neutralrot und Vesuvin — bei p_H 7,1 in ihrer undissoziierten, molekularen Form in Lösung.

3. Zytomorphologische Beobachtungen: Bei stärkeren Graden von Allgemeinkontraktion kommt es zumeist zu einer Zweiteilung, seltener zu einer Dreiteilung der Vakuole. Das gequollene Plasma erscheint zunächst homogen, die in ihm befindlichen Mikrosomen befinden sich in lebhafter BMB. Später kann es zum Auftreten kleiner Vakuolen innerhalb des Plasmas in verschiedener Anzahl kommen. Bei einer nachträglichen Diastole kommt es zumeist nicht zu einer Wiederverschmelzung der geteilten Vakuolen.

Werden Zellen mit Vakuolenkontraktion mit hypertonischer Trz.-Lösung behandelt, dann erfolgt bei stark geschädigten Zellen oft Koagulation des Plasmas, bei besserem Lebenszustand der Zellen jedoch zumeist konvexe Plasmolyse. Nur bei Trimethylamin (selten auch bei Dimethylamin) tritt die Plasmolyse zumeist konkav mit oft recht langer Rundungszeit ein. Dies deutet auf eine Viskositätserhöhung des Plasmas hin, die bei dem infolge der Vakuolenkontraktion gequollenen Plasma besonders merkwürdig und schwer erklärbar erscheint.

4. Reversibilitätsversuche: Bei Zellen, an denen mit Ammoniak und Ammonkarbonat Allgemeinkontraktion ausgelöst wurde, folgt, soweit es sich um vitale Zustände handelt, die Wiederausdehnung der Vakuolen (Diastole) dem von Keil (1930) gegebenen Schema: Rasche Kontraktion, längere Ruhezeit, langsame Wiederausdehnung. Auch Methylamin gibt gleichartige Reaktion. Bei Dimethylamin hingegen, dem sich das Pyridin anzuschließen scheint, erfolgt auf eine anfänglich rasche, dann langsamer werdende Kontraktion ohne Ruheperiode eine rasche Diastole. Bei Trimethylamin aber, bei dem schon die merkwürdigen Plasmolyseformen aufgefallen waren, kommt es überhaupt nie zu einer Diastole. Eine erneute Kontraktion einer bereits rückgedehnten Vakuole konnte nur in einem einzigen Falle an einer mit Methylamin behandelten Zelle beobachtet werden.

Literaturverzeichnis.

D r a w e r t, H., 1938: Beiträge zur Entstehung der Vakuolenkontraktion nach Färbung mit Neutralrot. Ber. d. d. bot. Ges. 56, 123.
— 1940: Zur Frage der Stoffaufnahme durch die lebende pflanzliche Zelle. II. Die Aufnahme basischer Farbstoffe und das Permeabilitätsproblem. Flora 34, 179.
G i c k l h o r n, J. und W e b e r, F., 1926: Über Vakuolenkontraktion und Plasmolyseform. Protoplasma 1, 427.
H a r t m a i r, V., 1938: Über Vakuolenkontraktion in Pflanzenzellen. Protoplasma 18, 583.
H e n n e r, J., 1934: Untersuchungen über Spontankontraktion der Vakuolen. Protoplasma 21, 81.
H ö f l e r, K., 1947 a: Was lehrt die Fluoreszenzmikroskopie von der Plasmapermeabilität und Stoffspeicherung? Mikroskopie 2, 13.
— 1947 b: Einige Nekrosen bei Färbung mit Akridinorange. Aus den Sitzungsber. d. österr. Akademie d. Wiss., mathem.-naturw. Kl., Abt. I, 156. Bd., S. 585.
— 1949: Fluoreszenzmikroskopie und Zellphysiologie. Biologia generalis 19, 90.
H o f m e i s t e r, L., 1940: Mikrurgische Untersuchungen an Borraginoideenzellen. Protoplasma 35, 65.
H o u s k a, H., 1939: Zur protoplasmatischen Anatomie der Küchenzwiebel. Österr. Bot. Z. 88, 161.
K e i l, R., 1930: Über systolische und diastolische Veränderungen der Vakuole in den Zellen höherer Pflanzen. Protoplasma 10, 568.
K e n d a, G. und W e b e r, F., 1952: Rasche Vakuolenkontraktion in Cerinthe-Blütenzellen. Protoplasma 41, 458.
K u n z e, R., 1931: Der Einfluß der Wasserstoffionenkonzentration auf die Vakuolenkontraktion vital gefärbter Elodea-Zellen. Protoplasma 12, 161.
K ü s t e r, E., 1926: Beiträge zur Kenntnis der Plasmolyse. Protoplasma 1, 73.
— 1929: Beobachtung an verwundeten Zellen. Protoplasma 7, 150.
— 1937: Über Vakuolenkontraktion und Membranfärbung bei Elodea nach Behandlung mit Vitalfärbemitteln. Zeitschrift f. wiss. Mikroskopie. 54, 433.
— 1942: Vitalfärbung und Vakuolenkontraktion. Ebenda 58, 245.
P a r d a t s c h e r, G., 1951: Beiträge zur Kenntnis der Vakuolenkontraktion. Dissertation. Pflanzenphysiologisches Inst. d. Univ. Wien.
— 1951: Protoplasmatische Studien an Blütenzellen von Dahlia. Portugalia acta biologica. Serie A, 171.
P e c k s i e d e r, M. E., 1950: Zur Frage der Farbionenpermeabilität des Protoplasmas. Biologia generalis 19, 224.
R u h l a n d, W., 1908: Beiträge zur Permeabilität der Plasmahaut. Jahrbuch f. wiss. Bot. 46, 1.
S c h e i d l, W., 1955: Vakuolenkontraktion bei vollen Zellsäften an Zwiebelzellen von Tulipa silvestris und Colchicum speciosum. Protoplasma 44, 336.
S c h i n d l e r, H., 1938: Tötungsart und Absterbebild. I. Der Alkalitod der Pflanzenzelle. Protoplasma 30, 186.
S t r u g g e r, S., 1935: Praktikum der Zell- und Gewebephysiologie der Pflanze. 1. Auflage. Bornträger-Verlag, Berlin.
— 1936: Beiträge zur Analyse der Vitalfärbung pflanzlicher Zellen mit Neutralrot. Protoplasma 26, 56.
T o t h, A., 1952: Neutralrotfärbung im Fluoreszenzlicht. Protoplasma 41, 103.

Vries de, H., 1877: Untersuchungen über die mechanischen Ursachen der Zellstreckung ausgehend von der Einwirkung von Salzlösungen auf den Turgor wachsender Pflanzenzellen. W. Engelmann, Leipzig.
— 1855: Plasmolytische Studien über die Wand der Vakuolen. Jahrbuch f. wiss. Bot. 16, 465.
Weber, F., 1924: Plasmolyseform und Protoplasmaviskosität. Österr. Bot. Z. 73, 261.
— 1925: Experimentelle Physiologie der Pflanzenzelle. Archiv f. experimentelle Zellforschung 2.
— 1930 a: Vakuolenkontraktion vital gefärbter Elodea-Zellen. Protoplasma 9, 106.
— 1930 b: Vakuolenkontraktion und Protoplasmaentmischung in Blütenblattzellen. Protoplasma 10, 598.
— 1935: Vakuolenkontraktion der Borraginaceen-Blütenzellen als Syneräse. Protoplasma 22, 4.
Weber, F. und Kenda, G., 1953: Zweimalige Vakuolenkontraktion in Cerinthe-Zellen. Phyton Vol. 4, 315.
Wiesner, G., 1950: Untersuchungen über Vitalfärbung von Allium-Zellen mit basischen Hellfeldfarbstoffen. Protoplasma 40, 405.

Die in den Sitzungsberichten Abtlg. I und Abtlg. II a der math.-nat. Klasse der Österr. Ak. d. Wiss. erscheinenden Abhandlungen werden auch einzeln abgegeben. Sie können durch jede Buchhandlung oder direkt durch die Auslieferungsstelle der Österreichischen Akademie der Wissenschaften (Wien I, Singerstraße 12) bezogen werden.

Nachfolgende Abhandlungen aus den Fächern **Geologie, Mineralogie** und **Geographie** sind erschienen:

1950 (S I Bd. 159):

Cornelius H. P.: Zur Paläographie und Tektonik des alpinen Paläozoikums, 9 Seiten. S 7.—
Hanselmayer Josef: Petrographische Studien an Hochtrötsch-Diabasen einschließlich einer kurzen Charakteristik der mit ihnen auftretenden Tonschiefer, 10 Seiten. S 3.60
Küpper H.: Eiszeitspuren im Gebiet von Wien (mit 1 Tabelle), 7 Seiten. S 6.80
Schmidt Walter J.: Die Matreier Zone in Österreich, I. Teil, 41 Seiten. S 25.20
Stark M.: Die Grünschiefer der Kalkglimmerschiefer- Grünschiefer-Serie des Großarl- und Gasteiner Tales. 15 Seiten. S 8.30
Winkler v. Hermaden A.: Tertiäre Ablagerungen und junge Landformung im Bereiche des Längstales der Enns (mit 7 Textabbildungen), 25 Seiten. S 16.80

1951 (S I Bd. 160):

Hießleitner G. und Clar E.: Ein Beitrag zur Geologie und Lagerstättenkunde (Chromerz- und Nickellagerstätten) basischer Gesteinszüge in Griechenland (mit 1 Beilage und 4 Textabbildungen), 12 Seiten. S 11.—
Schmidt W. J.: Die Matreier Zone in Österreich, II. Teil (mit 1 Beilage: geologische Beschreibung mit 20 Profilen und 1 Karte), 49 Seiten. S 28.50
Stratil-Sauer G.: Stellungnahme zu einigen Auffassungen über das Flußlängsprofil (mit 3 Textabbildungen). 20 Seiten. S 7.—
Thurner A.: Die Puchberg- und Mariazeller Linie (mit 8 Textabb., Abb. 1 Beilage), 33 Seiten. S 19.—
Thurner A.: Tektonik und Talbildung im Gebiet des oberen Murtales (mit 12 Textabbildungen), 22 Seiten. S 12.50
Winkler v. Hermaden A.: Über neue Ergebnisse aus dem Tertiärbereich des steirischen Beckens und über das Alter der oststeirischen Basaltausbrüche, 36 Seiten. S 8.—
Winkler v. Hermaden A.: Die jungtektonischen Vorgänge im steirischen Becken (mit 4 Textabbildungen auf 2 Beilagen), 32 Seiten. S 15.—

1952 (S I Bd. 161):

Alker A.: Malchite aus dem Gailtal, IV. Teil, 18 Seiten. S 9.80
Alker A., Heritsch H., Paulitsch P. und Zednicek W.: Malchite aus dem Gailtal, VI. Teil (mit 1 Abbildung), 8 Seiten. S 4.40
Alker A. und Zednicek W.: Malchite aus dem Gailtal, II. Teil, 53 Seiten. S 3.20
Flügel H., Hauser A. und Papp A.: Neue Beobachtungen am Basaltvorkommen von Weitendorf bei Graz (mit 1 Textabbildung), 11 Seiten. S 4.40
Heritsch H.: Malchite aus dem Gailtal, I. Teil (3 Abbildungen), 22 Seiten. S 12.—
Heritsch H. und Zednicek W.: Malchite aus dem Gailtal, III. Teil (mit 5 Abb.), 45 Seiten. S 25.80
Holzer H.: Über geologische Untersuchungen am Westrand der Granatspitzgruppe (Hohe Tauern), 7 Seiten. S 2.80
Küpper H., Papp A. und Thenius E.: Über die stratigraphische Stellung des Rohrbacher Konglomerates, 12 Seiten. S 5.20
Mutschlechner G.: Neue Vorkommen von Glimmerkersantit in den Lienzer Dolomiten (Osttirol) (mit 1 Kartenskizze), 5 Seiten. S 2.10
Osberger R.: Der Flysch-Kalkalpenrand zwischen der Salzach und dem Fuschlsee (mit 1 Kartenbeilage), 16 Seiten. S 10.40
Paulitsch P.: Malchite aus dem Gailtal, V. Teil (mit 2 Abbildungen), 31 Seiten. S 13.80
Schmidt W. J.: Die Matreier Zone in Österreich, III. bis V. Teil (mit 1 tektonischen Karte und 9 Profilen), 28 Seiten. S 16.30

1953 (S I Bd. 162):

Cornelius-Furlani Marta: Beiträge zur Kenntnis der Schichtfolge und Tektonik der Lienzer Dolomiten (Erster Beitrag. mit 2 Tafeln und 1 Profil). S 8.90
Hanselmayer J.: Beiträge zur Sedimentpetrographie der Grazer Umgebung III. S 4.40
Kümel F.: Das Faltenland von Mosul (mit 6 Textabbildungen und 4 Tafeln). S 37.50
Medwenitsch W.: Dritter vorläufiger Aufnahmsbericht über geologische Arbeiten im Unterengadiner Fenster (Tirol). S 3.70
Schroll E.: Über Unterschiede im Spurengehalt bei Wurtziten, Schalenblenden und Zinkblenden (mit 2 Textabbildungen). S 21.90

MIX
Papier aus verantwortungsvollen Quellen
Paper from responsible sources
FSC® C105338

If you have any concerns about our products,
you can contact us on
ProductSafety@springernature.com

In case Publisher is established outside the EU,
the EU authorized representative is:
**Springer Nature Customer Service Center GmbH
Europaplatz 3, 69115 Heidelberg, Germany**

Printed by Libri Plureos GmbH
in Hamburg, Germany